Das Bleiberger Hochtal mit **B l e i b e r g** und dem Bleiberger Erzberg von Osten gesehen — Hinter Bleiberg die Rudolfsschachtanlage — Von der mittleren Höhe des Erzberges die durch die SW—NO—Querverwerfer bedingten Felsrippen

Die Blei-Zinkerzlagerstätte von Bleiberg-Kreuth in Kärnten

Alpine Tektonik, Vererzung und Vulkanismus

Von

Dr. Alexander Tornquist

Hofrat, o. ö. Professor der Geologie an der
technischen Hochschule zu Graz

Mit 29 Abbildungen im Text, einer Lagerstättenkarte
und einer Tafel

Springer-Verlag Berlin Heidelberg GmbH 1927

Additional material to this book can be downloaded from http://extras.springer.com

ISBN 978-3-7091-9609-0 ISBN 978-3-7091-9856-8 (eBook)
DOI 10.1007/978-3-7091-9856-8

Inhaltsangabe

I. Einleitung

Die eingehende Erforschung aufgeschlossener und markscheiderisch bestens festgelegter Tiefenbergbaue bietet dem Geologen Gelegenheit, die tektonische Struktur eines Gebietes bedeutend gründlicher zu klären, als es die Aufnahme übertags im Gebirge vermag. Zahlreiche tektonische Details, von denen selbst die besten natürlichen Aufschlüsse übertags nichts verraten, werden im Bergbau aufgedeckt. Die Gebirgstektonik, welche überhaupt nicht zweidimensional, sondern nur als Raumbewegung aufgefaßt werden kann, läßt sich völlig nur unter Beiziehung von Aufschlüssen nach der Teufe zu restlos klären. Wenn auch die durch Bergbau erreichbaren größten Tiefen besonders in den Alpen noch immer nicht hinreichen, die letzten Rätsel zu lösen, so bieten sie doch ein unvergleichlich vollständigeres Beobachtungsmaterial als die Oberflächenaufnahme und ermöglichen eine wesentliche Vertiefung der Erkenntnis.

Zahlreiche Beispiele, bei denen bisher schon Tiefenaufschlüsse eine wertvolle Ergänzung der geologischen Feldaufnahme erbracht haben, sind aus der Literatur bekannt.

Man denke unter anderem an die Auswertung der Aufschlüsse im Simplontunnel für die Tektonik des Simplongebietes durch C. Schmidt[1] und H. Schardt, an die komplizierte Tektonik, welche Koßmat[2] am Südrand der Savefalten gegen den Hochkarst durch die Beobachtungen im Quecksilberbergbau von Idria feststellen konnte, an die verbogenen Überschiebungen, welche Cremer im Kohlenrevier des Ruhrgebietes durch die Befunde in den großen Ruhrzechen auffinden konnte.

Die genaue Kenntnis der geologischen Tektonik in großen Bergbaurevieren gewinnt aber auch dann ein besonderes Interesse, wenn es gelingt, das morphologische Bild der Vererzung, das Auftreten und die Gestalt der vorhandenen Erzkörper auf die tektonische Struktur des Gebirges zurückzuführen, die Anlage der Erzkörper in geologisch-tektonisch genau vorgezeichneten und tektonisch definierbaren Zonen festzustellen. Nur auf diesem Wege gelingt es, die Genesis des Vererzungsvorganges in seiner Gesamtheit zu verstehen, sein Alter zu bestimmen und aus ihm

[1] Über die Tektonik des Simplongebietes und die Tektonik der Schweizer Alpen. Eclogae geol. Helv., 9, S. 484ff. 1907.

[2] Die Arbeit von J. Kropáč: Über die Lagerstättenverhältnisse des Bergbaugebietes von Idria. Verh. der k. k. geol. R. A. Wien, S. 363 ff. 1913.

die Herkunft der Mineralisatoren und den Ablauf der chemischen Prozesse, durch welche die Vererzung erfolgte, zu klären. In der modernen Richtung der Mineralogie steht die Ermittlung der Bildungsprozesse der Mineralien im Vordergrund. Es sind die großen Fortschritte, welche auf dem Gebiete der Erzlagerstättenforschung in den letzten zehn Jahren gemacht worden sind, welche Niggli, Lindgren, Spurr und andere in den Stand gesetzt haben, den Problemen der Genese der Nichtsilikatmineralien in weitaus erfolgreicherer Weise nachzugehen als es früher möglich war. Wie sehr die Forschung sich auf diesem Gebiete in Fluß befindet und wie befruchtend die geologische und petrographische Erforschung von Erzlagerstätten auf die Weiterentwicklung dieses geologisch-mineralogischen Grenzgebietes einzuwirken imstande ist, geht aus den neuesten Veröffentlichungen P. Nigglis[1] hervor, welche bereits wesentliche Verbesserungen der von diesem Autor in seinem Lehrbuch der Mineralogie, Berlin, aus dem Jahre 1920 vertretenen Auffassungen enthalten. Den von den genannten Autoren aus der Betrachtung der Genesis der Erzlagerstätten gezogenen Schlüssen über den Zusammenhang derselben mit magmatischen Vorgängen haben wertvolle Hinweise über die Beschaffenheit und die Veränderung in der Tiefe gelegener Magmen entnommen werden können. Niggli gelangte vor kurzem zu der Überzeugung, daß die Charaktere der Erzlagerstätten als Produkte mehr oder minder differenzierter Magmen für die Trennung magmatischer Gesteinsprovinzen herangezogen werden müssen und daß die Assoziationsverhältnisse der Mineralparagenesen in den Erzlagerstätten auch für den Tektoniker aufschlußreich sind.[2]

Es kann ferner nicht verkannt werden, daß auch die Montanistik, die technische Leitung der Bergbaue, für die Aufschluß- und Abbauarbeiten aus der eingehenden tektonischen, und der die Lagerstätte genetisch klärenden, wissenschaftlichen Durchdringung praktische Vorteile erzielen kann, so daß der wissenschaftlichen Untersuchung unserer Erzlagerstätten eine wirtschaftliche Bedeutung zukommt.

Das in der vorliegenden Untersuchung dargestellte Blei-Zinkerz-Revier von Bleiberg-Kreuth in Kärnten genügt in besonderer Weise den Ansprüchen, welche an ein Bergbaugebiet zur Klärung der vorgenannten Probleme gestellt werden muß. Es ist ein alter, in den letzten 55 Jahren in größtem Maßstabe modernstens und ununterbrochen betriebener Bergbau, dessen Baue sich über ein Gebiet von mehr als 10 km

[1] Versuch einer natürlichen Klassifikation der im weiteren Sinne magmatischen Erzlagerstätten. Abhandl. zur prakt. Geologie und Bergwirtschaftslehre, 1. Halle. 1925.

[2] Ebenda. S. 69.

Länge verteilen. Der in diesem Revier betriebene Bergbau stellt den derzeit größten Erztiefbergbau Österreichs und einen der größten Erzbergbaue der Gesamtalpen überhaupt dar. Ein Bild von der Größe des Bergbaues bieten die Zahlen der Hauwerkförderung der letzten Jahrzehnte.

Produktion aus dem Bleiberg-Kreuther Erzrevier

Jahr	Gefördertes Hauwerk in t	Aus dem geförderten Hauwerk gewonnener			Aus dem Hauwerk gewonnener Bleischlich in Prozent	Ausgebrachtes Blei t
		Bleischlich t	Zinkerze t	Wulfenit t		
1910	73 773,2	5248,3	2622,5	21,2	7,14	3438,5
1915	92 951,6	8554,6	991,3	99,7	9,31	5472,3
1920	74 187,8	5660,0	869,0	49,5	7,96	3973,6
1925	82 328,0	5602,6	1425,3	11,8	6,81	5408,0

Diese Bleiproduktion entspricht etwa 2% der gesamteuropäischen.

Diese Förderung entspricht einer Hauwerkerzeugung von zirka 280 t oder 28 Waggons pro Arbeitstag. In den Zahlen spricht sich der in den Kriegsjahren betriebene Raubbau und forcierte Wulfenitabbau (wegen Molybdänmangels in Mitteleuropa) aus. Der Wechsel in der prozentualen Gewinnung von Zinkerzen beruht auf dem wechselnden Anteil, welchen die blendereichere Lagerstätte von Kreuth im Verhältnis zu Bleiberg an der Erzeugung von Hauwerk hatte. Im Jahre 1925 wurden sehr ausgedehnte Streckenvortriebe außerhalb der Erzzone zwecks Verbindung von Kreuth mit Bleiberg getätigt, welche den Prozentgehalt des aus der Grube geförderten Hauwerkes herabsetzten.

Was die Entwicklung des Bergbaues anbetrifft, so ist der älteste Bergbau oben am Bleiberger Erzberg, wo die Erzzone teilweise in weniger steiler Lagerung, teilweise eingefaltet in den Berg einschießt, umgegangen. Von dem Umfang, welchen der Bergbau in früheren Jahrhunderten am Abhang des Erzberges unter der Betätigung vieler Bergherren besessen hat, legen die mehr als 800[1] alten Stollenbauten auf dem Erzberg ein Zeugnis ab. Dort konnten die Erze leicht durch kürzere Stollenbaue gefaßt werden. Die lange Haldenzone auf der Südflanke des Erzberges legt heute noch Zeugnis von dieser Abbauperiode ab. Später sind die Erzteile, welche am Südfuße des Erzberges steil unter den Talboden des Bleiberger Tales einfallen, durch Schachtbau angegangen worden. Die in diesen Schachtbauten entstandenen Wasserhaltungsschwierigkeiten wurden teilweise durch die im Jahre 1789 begonnene Erbauung des

[1] Ich entnehme diese Zahl Pošepny, Berg- und Hüttenm. Jahrb., S. 88. 1894.

schließlich 7 km langen Leopold-Erbstollens behoben. Ein moderner großzügiger Bergbau unter Ausnutzung der Wasserkraft der Nötschquelle konnte erst nach der im Jahre 1868 erfolgten Zusammenfassung aller bisher von einzelnen Gewerken und vom Staate betriebenen einzelnen Bergbaue zu einem Bergbaubetrieb und die Gründung der heute bestehenden Bleiberger Bergwerks-Union eingeleitet werden. Es wurde eine Zentralhütte für den gesamten Bergbau, die heute noch die Bleiberger Erze verhüttende Bleihütte von Gailitz, errichtet. Der weitsichtigen und großzügigen Leitung des Bergbaues durch den im Jahre 1925 nach 38jähriger Tätigkeit in den Ruhestand getretenen Oberbergdirektor

Abb. 1. Rudolf-Schachtanlage mit Aufbereitung, westlich Bleiberg. Links die alte Tauben-Halde im Talboden, rechts die neue auf die Flanke des Erzberges in Aufschüttung begriffener Halde. Auf dieser sind die Stützen der Seilbahn sichtbar.

Bergrat Ing. O. Neuburger ist der jüngste große Aufschwung der Entwicklung des Bleiberg-Kreuther Bergbaues in erster Linie zu verdanken, während die kaufmännische Leitung lange Zeit in der bewährten Hand des geschäftsführenden Verwaltungsrates, Präsidenten P. Mühlbacher und derzeit seines Sohnes, Direktor E. Mühlbacher, gelegen war. Der Bergbau steht seit Jahrzehnten an erster Stelle der Industrie Kärntens und ist heute der großen Eisenerzindustrie der Alpinen Montan-Gesellschaft in Österreich ebenbürtig.[1]

[1] Die Würdigung der Verdienste des Oberbergdirektors Bergrates Otto Neuburger für den Bleiberg-Kreuther Bergbau gab S. Rieger in der Montanist. Rundschau. Wien. 1925.

Von der Bleiberger Bergwerks-Union sind zwei moderne Schachtanlagen, der Antoni-Schacht in Kreuth (Abb. 2) und der Rudolf-Schacht in Bleiberg-West (Abb. 1), gebaut worden. Bei den Schachttürmen sind modernste und leistungsfähigste Aufbereitungen errichtet, modernste Seilförderungen führen die große Masse des aus der Aufbereitung mit über 90% des Hauwerkes entstehenden „Tauben" auf große Halden.[1] Im Jahre 1894 wurde die Anlage des 150 m unter dem Leopold-Erbstollen und 270 m unter der Hängebank des Rudolf-Schachtes gelegenen und 12 km langen Franz-Josef-Stollens[2] begonnen und im Jahre 1911 beendet. Dieser Stollen mündet auf der Nordseite des Erzberges gegenüber der Bahn-

Abb. 2. Antoni-Schachtanlage mit Aufbereitung östlich von Kreuth, rechts der Erzberg. Die alte Taubenhalde, im Vordergrund die Drahtseilbahn zum Abtransport des Tauben auf die Flanke des Dobratsch (nach links)

station Gummern im Drautal und verbindet und entwässert das Kreuther und das Bleiberger Revier und schließt gleichzeitig die östlichsten Teile der Bleiberger Lagerstätte auf.

---

[1] Vgl. die Abhandlung des derzeitigen Generaldirektors, Ing. K. Hegewald: Die Benützung maschineller Hilfsmittel, insbesondere die elektrische Kraftübertragung im Bleiberger Bergbaureviere. Berg- u. Hüttenm. Jahrb.. S. 1ff. 1917.

[2] Die technisch äußerst wertvolle Beschreibung des Vortriebes dieses längsten Stollens der alten österreichisch-ungarischen Monarchie und der Antoni- und Rudolf-Schachtanlagen gab O. Neuburger im Jahre 1911 in der Schrift: Der Franz-Josef-Stollen und die damit zusammenhängenden Betriebsanlagen in Bleiberg. Klagenfurt. 1911.

Da die alten Abbaue in festem Wettersteinkalk stehen, so ist im Bleiberger Bergbau fast nirgends ein Versatz vorgenommen worden. Die Hohlräume ausgebauter großer Erzzüge bilden eine Folge riesenhafter Höhlen, Dome und Gesenke, in deren Gewirr sich sogar die Steiger schwer mehr außerhalb ihres Arbeitsgebietes auskennen. In diesen alten Verhauen sind keine Beobachtungen über die Vererzung des Revieres mehr zu machen, denn es gilt seit langem für den Bleiberger Bergbau die Regel, selbst die ärmsten Erzteile mit abzubauen, weil immer die Möglichkeit besteht, daß sie sich beim weiteren Verfolgen wieder edler aufmachen können. Der aus der vorstehenden Tabelle ersichtliche sehr niedere durchschnittliche Prozentgehalt des Hauwerkes an Bleiglanz und Blende wird hiedurch erklärlich. Neben reichen Derberzen verläßt auch viel Hauwerk mit nur 2% Bleischlich die Grube.

Wertvolle Resultate lassen sich dagegen den Grubenkarten in Bleiberg entnehmen. Die Generaldirektion der Bleiberger Bergwerks-Union in Klagenfurt hat von Anbeginn an den größten Wert auf die genaueste markscheiderische Aufnahme der Abbaue und Verhaue gelegt und kann Ausbildung und Gestalt der bereits verhauten Teile der Erzkörper und die in den einzelnen Verhauen und Hoffnungsstrecken angeschlagenen Gesteine auf das genaueste auf den vielen mit besonderer Sorgfalt und durch ständige Neueintragung auf dem Laufenden erhaltenen Grubenkarten 1 : 100 verfolgt werden.

Ich habe den Bleiberg-Kreuther Bergbau zuerst im Jahre 1919 befahren, um in der damals sehr knapp bemessenen Zeit ein Gutachten abzugeben. Seit dieser Zeit habe ich wiederholt Gelegenheit gehabt, immer wieder neue Aufschlüsse kennenzulernen und immer tiefer in das Verständnis der komplizierten Lagerungsverhältnisse einzudringen. Ohne die stets freundlichst gewährte Auskunft und Leitung in den Abbauen durch die Herren Bergrat Ing. Neuburger und Direktor Ingenieur Hegewald, des Grubendirektors Ing. Hempel in Bleiberg sowie des Betriebsleiters Harkamp in Kreuth wäre aber eine erfolgreiche Beendigung meiner endgültigen Bearbeitung des Erzrevieres heute nicht möglich gewesen. Ich ergreife daher auch hier die Gelegenheit, sowohl diesen Herren als auch Herrn Direktor E. Mühlbacher sowie dem Verwaltungsrat der Bleiberger Bergwerks-Union für die Gewährung einer Subvention für die Drucklegung der vorliegenden Arbeit meinen besten Dank auszusprechen.

Den Hauptteil der vorliegenden Untersuchung bildet die mikroskopische Untersuchung einer großen Anzahl von Erzstufen; die Resultate derselben haben ein unerwartet kompliziertes Bild von der Genesis der Bleiberg-Kreuther Lagerstätte ergeben. Es konnte nicht nur der genaue Vorgang der metasomatischen Vererzung, sondern auch diese selbst als das Resultat von zeitlich aufeinander erfolgter, in ihrem Chemismus völlig verschiedener Umsetzungen erkannt werden. Da diese voneinander zeitlich getrennten chemischen Vorgänge in der Lagerstätte auf eine jeweilig veränderte chemische Zusammensetzung der auf Magma-Exhalationen zurückzuführenden, aus der Tiefe aufgestiegenen juvenilen Wässer, welche die Vererzung bewirkten, zurückgeführt werden müssen, konnte der Versuch unternommen werden, sie auf Magmen bestimmter, am Ostrand der Alpen zur Zeit der Vererzung effusiv auftretender vulkanischer Gesteine zurückzuführen. Die der mikroskopischen Untersuchung unterworfenen Erzstufen sind zum Teil von mir in Bleiberg-Kreuth selbst gesammelt, es sind aber auch Stufen, welche sich im mineralogischen Institut der Grazer Universität und des Landesmuseums Joanneum befinden, zur Untersuchung gelangt. Ich bin Herrn Hofrat Professor Dr. Scharitzer und dem Vorstand der mineralogischen Abteilung des Joanneums Herrn Professor Dr. Siegmund für die Überlassung dieser Stufen zu besonderem Danke verpflichtet.

II. Die geographische Lage des Gebietes

Das Bleiberg-Kreuther Erzrevier befindet sich im westlichen Kärnten, am Ostende der zwischen dem Drautal im Norden und dem Gailtal im Süden gelegenen Gailtaler Alpen. Westlich Villach steigt der 15 km lange, im Dobratsch die Meereshöhe von 2166 m erreichende Gebirgszug der Villacher Alpe an. Die Nordgrenze dieses mächtigen Kalkzuges bildet das westöstlich verlaufende Bleiberger Hochtal, die Westgrenze das kurze Nötschtal. Das Bleiberger Tal mit der Ortschaft Bleiberg als altes Zentrum des Bleiberger Blei- und Zinkbergbaues im Osten und der Ortschaft Kreuth im Westen besitzt einen im Mittel 100 m breiten, ebenen Talboden und kulminiert bei 925 m Meereshöhe. Von diesem zwischen Bleiberg und Kreuth gelegenen Punkt fließt der Weißenbach oder Bleiberger Bach nach Osten und der Nötschbach nach Westen ab. Nördlich des Bleiberger Tales erhebt sich die meist bewaldete, teilweise aber auch felsige Südflanke des Bleiberger Erzberges, dessen Schneide von Ost gegen West an Höhe zunimmt. An seinem Westende ist die Kulmination im Kowes Nock bei 1819 m gelegen.

Die alte Erzabfuhr, solange noch Bleiöfen in Kreuth und im Nötscher Tal existierten, erfolgte durch das Nötscher Tal nach dem im Gailtal gelegenen Nötsch, heute geht das Bleierz auch noch diesen Weg, um in die Gailitzer Hütte zu gelangen.

Die Bleiberg-Kreuther Lagerstätte stellt die östlichste Lagerstätte der zahlreichen in den Gailtaler Alpen überhaupt bekannten Bleizinklagerstätten dar. Sie steht aber auch in naher Beziehung zu den Bleizinklagerstätten in Unter-Kärnten, welche sich im Gebiete der nördlichen Karawankenkette bis zum Ursulaberg vorfinden. Es kann das nicht wundernehmen, da die Gailtaler Alpen geologisch durchaus als die westliche Fortsetzung der Karawanken-Nordkette zu betrachten sind. Orographisch tritt dieser Zusammenhang wenig deutlich hervor. Die Verbindung beider Gebirgszüge befindet sich in einem nordöstlich von der Drau und westlich von der Gail begrenzten Hügelland, in welchem der kleine Faaker See die auffallendste Erscheinung bildet (vgl. die Karte Abb. 3).

Der Bergbau erfolgte seit jeher vom Bleiberger Tal aus, von welchem aus der Dobratsch in steilem (durchschnittlicher Böschungswinkel 27°), felsigem Hang, in dessen oberen Teil wilde, bis weit in den Sommer schneeführende Kare gelegen sind, ansteigt. Der Hang des Erzberges

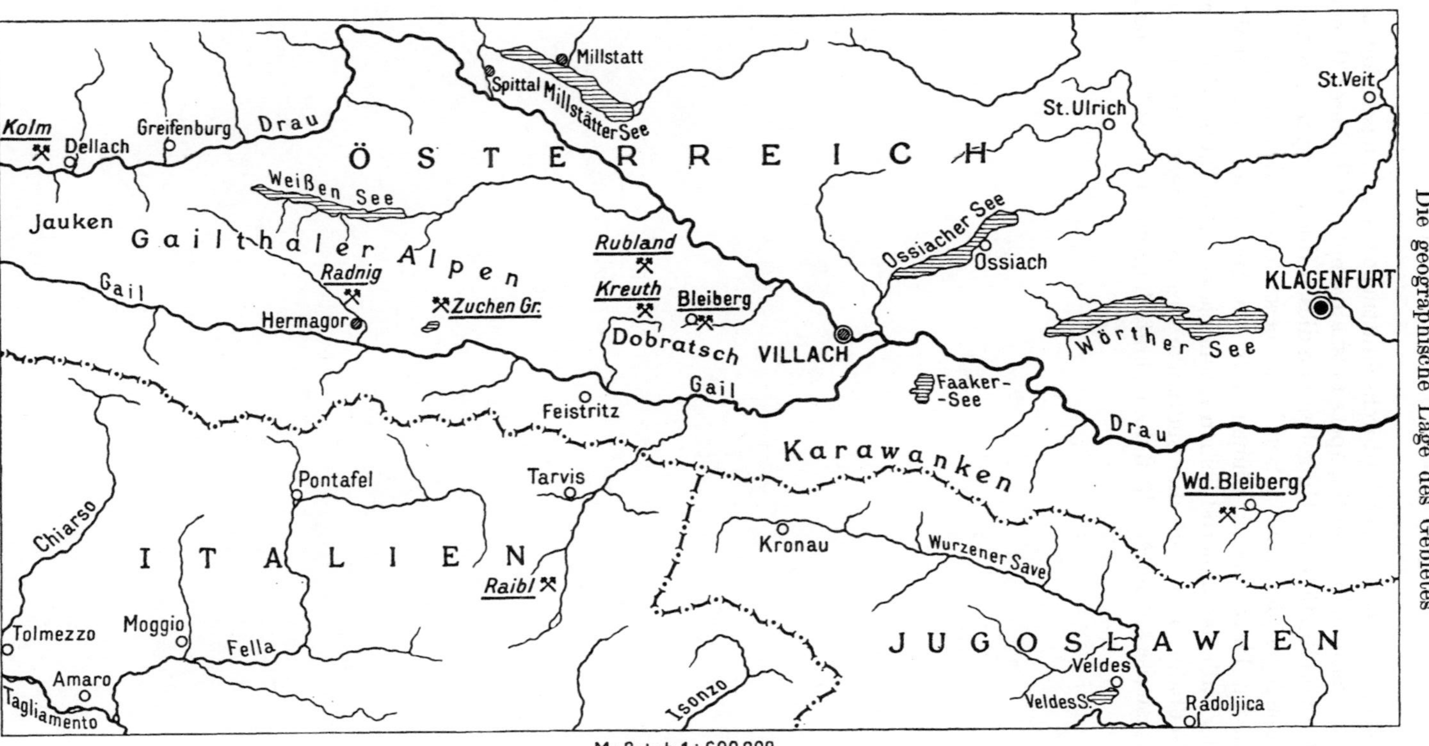

Abb. 3. Übersichtskarte des Zuges der Bleizinklagerstätten der Gailtaler Alpen bis in die westlichen Nordkarawanken

über Bleiberg ist ebenfalls steil (durchschnittlicher Böschungswinkel 33°), an ihm wechseln sehr schroffe, apere Felshänge mit auf flacheren Hängen stehenden Waldbeständen. Umgeben von diesen Hochgebirgszügen haben die Tagesanlagen des großen Bergbaues besonders in Kreuth nur eben im Talboden Platz finden können. Für die Anlage der Taubenhalden würde der Talboden dauernd keinen Raum bieten. Das Taube wird daher durch Seilbahn hoch auf die Südflanke des Bleiberger Erzbergzuges beziehungsweise auf den Nordfuß des Dobratsch geschüttet (Abb. 1 und 2).

III. Der Gebirgsbau des Bleiberg-Kreuther Revieres

a) Der Schichtenaufbau

Die Gesteinsfolge im Bleiberg-Kreuth-Revier hat frühzeitig für die Erkenntnis der Stratigraphie der Ostalpen eine bedeutende Rolle gespielt. Fr. v. Hauer[1] hat schon im Jahre 1850 ihr triadisches Alter erkannt und nennt den Erzkalk von Bleiberg Alpenkalk, identifiziert ihn gleichzeitig mit dem unteren Muschelkalk, während er den „Muschelmarmor" im Hangenden und die Schiefer (den sogenannten „Lagerschiefer") als oberen Muschelkalk bezeichnet. Verhängnisvoll erwies sich dann aber weiter das frühzeitig bekannte Vorkommen der Gattung Megalodon in dem Erzkalk, der „Dachsteinbivalve" der damaligen Geologen. K. Peters[2] glaubte im Jahre 1856 den Erzkalk wegen des Vorkommens von Megalodon in ihm als Dachsteinkalk und nach der damaligen Ansicht als Liaskalk auffassen zu müssen und betrachtete den „Lagerschiefer" mit den in diesem bei Kreuth eingeschlossenen Linsen von Muschelmarmor als aufgeschoben. Der modernen Erkenntnis von dem Vorhandensein großer horizontaler Überschiebungen einzelner Gebirgsstücke über andere auf Gleitflächen mit dem für diese Bewegungen geeigneten Schiefergesteinen vorausgreifend äußerte sich K. Peters im Jahre 1856 folgendermaßen: „Das bisher Gesagte . . . . genügt, um die Lagerungsverhältnisse zwischen den Triasschichten und dem anderseits als unteren Lias erwiesenen Megaloduskalk ersichtlich und die Entstehungsweise der Schichten derselben begreiflich zu machen. Während einer bedeutenden Erhebung der ersteren senkte sich der nördliche Gebirgszug, und der „Lagerschiefer" als das plastische Medium wurde längs der mit dem Hauptstreichen des Gebirges übereinstimmenden Verwerfungsspalte über den Liaskalk emporgeschoben." Auch F. Foetterle[3] stimmte der Auffassung, daß der Bleiberg-Erzkalk mit dem Dachsteinkalk zu identifizieren sei, im gleichen Jahre 1856 bei, trotzdem er in den Gailtaler Alpen bereits damals richtig die normale Schichtenfolge: Werfener Schiefer, Guttensteiner Kalk, Hallstätter Kalk, Halobia-Schiefer, Haupt-

---

[1] Über die geognostischen Verhältnisse des Nordabhanges der nordöstlichen Alpen zwischen Wien und Salzburg. Jahrb. d. k. k. geol. R. A., I, S. 37ff. 1850.

[2] Die Umgebung von Deutsch-Bleiberg in Kärnten. Jahrb. d. k. k. geol. R. A., VII, S. 67. 1856.

[3] Jahrb. d. k. k. geol. R. A., VII, S. 372. 1856.

dolomit erkannte und für das Raibler Bleierzrevier zutreffend seinen Hallstätter Kalk als Erzniveau erkannt hatte. Die von ihm damals damit angenommene vermeintliche Divergenz beider Gebiete veranlaßte Foetterle dazu, die zwischen Hallstätter Kalk und Hauptdolomit bei Raibl gelegenen Schiefer als „Raibler Schichten", die gleichen Schiefer bei Bleiberg aber als „Bleiberger Schichten" zu bezeichnen. Dagegen war M. V. Lipold[1] bereits im gleichen Jahre 1856 durch die Aufnahme in Unter-Kärnten, am Ursula-Petzen-Zug in den Nordkarawanken, zu der richtigen Ansicht gelangt, daß die Bleierze in diesem Gebiet im Niveau der damals als Hallstätter Kalke bezeichneten, also normal im stratigraphisch Liegenden der Schiefer vorhandenen Kalken auftreten, allerdings sollte nach ihm die in Windisch-Bleiberg und am Obir-Berge gelegene analoge Bleierzlagerstätte entsprechend der Auffassung von Peters bei Bleiberg ebenfalls im Dachsteinkalk gelegen sein. Erst das Jahr 1863 brachte die richtige Erkenntnis. B. v. Cotta[2] aus Freiberg i. S. hatte Bleiberg befahren und seine Erfahrungen in einem Aufsatz in der Berg- und Hüttenmännischen Zeitung dieses Jahres niedergelegt. Diese Reise gab Peters[3] einen Anlaß, seine bisherige Auffassung vom Schichtverband des Erzkalkes und der Lagerschiefer zu revidieren. Er bekennt sich nunmehr auch zu der Ansicht, daß der erzführende Kalk Bleibergs nicht mehr Dachsteinkalk, sondern sogenannter Hallstätter Kalk sei und weist auf die Unterschiede der großen im Dachstein auftretenden und der kleineren im Erzkalk gefundenen Megalodon-Formen hin. Damit war für Peters auch bei Bleiberg der normale Schichtverband zwischen dem Erzkalk und dem hangenden Schiefer gegeben. Nachdem in dem folgenden Jahrzehnt die Kenntnis der Triasformation in den Ostalpen durch v. Richthofen, Benecke u. a. wesentlich vertieft worden war, konnte E. v. Mojsisovics[4] im Jahre 1872 auch dem Bleiberger Triasprofil die bis heute zu Recht erkannte Gliederung, Parallelisierung und Benennung geben. V. Mojsisovics erkannte in dem Bleiberger Erzkalk den Wetterstein der Nordalpen wieder und in den hangenden Schiefern die Carditaschichten, welche dem Raibler Niveau angehören.

Eine detaillierte Beschreibung der das Bleiberger Gebirge zusammensetzenden Trias blieb der eingehenden Untersuchung durch G. Geyer vorbehalten, welcher darüber ausführlicher in dem Jahre 1901 und 1902 in den Verhandlungen der k. k. geologischen Reichsanstalt berichtet hat.

---

[1] Jahrb. d. k. k. geol. R. A., VII, S. 369ff. 1856.

[2] Über die Blei- und Zinklagerstätten Kärntens. Berg- u. Hüttenm. Zeitung, S. 9ff. Freiberg. 1863.

[3] Einige Bemerkungen über die Blei- und Zinkerzlagerstätten Kärntens. Österr. Zeitschr. f. Berg- u. Hüttenwesen, XI, S. 190. 1863.

[4] Über die tektonischen Verhältnisse des erzführenden Triasgebirges usw. Verh. d. k. k. geol. R. A., S. 351. 1872.

Am Westrand des Revieres wird das bekannte Nötscher Karbon diskordant von der Basis der Trias, einer in wilden Schluchten östlich des Nötscher Grabens ausgezeichnet aufgeschlossenen mächtigen Folge roter Schiefer und Sandsteine des Werfener Niveaus überlagert. Über einem in diesem Gebiet stellenweise noch sichtbaren Gipshorizont lagert der dunkle Guttensteiner Kalk, als Äquivalent des unteren Muschelkalkes. Über ihm folgt ein wenig mächtiger Horizont schiefriger Mergel und schwarzer Kalkbänke, welche dem oberen Muschelkalk, nach Geyer den Partnachmergeln zuzurechnen sind. Nun beginnt eine sehr mächtige Folge von Wettersteinkalk, welcher fast allein das mächtige Massiv des Dobratsch (Villacher Alpe) und den größten Teil des Bleiberger Erzberges bis zum Kowesnock aufbaut. Im Wettersteinkalk bildet Chemnitzia Rosthorni die Leitform; Korallen erwähnt Toula[1] vom Dobratschgipfel. Der Wettersteinkalk ist in seinen tieferen Lagen als Dolomit (= Ramsau-Dolomit) entwickelt, welcher petrographisch häufig dem Hauptdolomit ähnlich werden kann, jedoch durch seine meist deutliche Schichtung und lichtere Färbung von ihm gut unterschieden werden kann. Nach Geyer sind dem Wettersteindolomit auch kalkige, stets diploporenführende Einlagerungen eingeschaltet. Auch der Wettersteinkalk ist durch lichte Färbung und seine in allen Teilen der Ostalpen charakteristische dichte Struktur und gute Bankung ausgezeichnet. Die Mächtigkeit des Wettersteinhorizontes mag mindestens 1000 m erreichen. In den obersten Bänken des Wettersteinkalkes sind bei Bleiberg lokal schwache Mergeleinlagerungen enthalten, welche für die Erzführung des Reviers lokal von besonderer Bedeutung werden können. Entweder treten die Einlagerungen als dünne graue Mergelschieferstreifen oder auch als schmutziggrüne Kalkmergelbank im westlichen Feld von Bleiberg auf. Ihre wahre, d. h. saiger zur Schichtung des Wettersteinkalkes gemessene Entfernung von der oberen Grenze des Wettersteinkalkes beträgt meist zirka 30 m.

Im Hangenden des Wettersteinkalkes tritt meist scharf vom Wettersteinkalk getrennt ein 15 bis 30 m mächtiger Tonschieferhorizont auf, der „Lagerschiefer" der älteren Autoren, dessen stratigraphische Stellung nach der ausführlichen Diskussion Bittners über dieses Niveau auf Grund der in ihnen angetroffenen Fossilien als Raibler Schichten oder Carditahorizont anzusprechen ist. Der Schiefer erscheint normal als schwarzer Tonschiefer, seine Erscheinungsart im Bergbau ist in denjenigen Teilen, wo die tektonische Einwirkung besonders intensiv gewesen ist, wie in Bleiberg-Ost, vielfach die eines schwarzen, von vielfachen Rutschflächen durchzogenen, weichen, zerfallenen Schiefers und dort, wo stärkere

---

[1] Vorkommen der Raibler Schichten mit Corbis Mellingi zwischen Villach und Bleiberg. Verh. d. k. k. geol. R. A., S. 286. 1887. Vgl. v. Mojsisovics, Jahrb. d. k. k. geol. R. A., S. 119. 1869.

Wässer auftreten, eines lettigen abfärbenden Schiefers. Die Grenze des Wettersteinkalkes und Schiefers ist in Bleiberg-Ost, wo die tektonische Abbiegung des Wettersteinkalkes in die Tiefe an mehreren Stellen aufgeschlossen ist, vielfach sehr stark tektonisch gestört. Es sind große, durch Druck abgerissene Blöcke des obersten Wettersteinkalkes in den Schiefer hineingedrückt, und dann vom sehr stark lassigen Schiefer umgeben, oder es ist der Schiefer tektonisch zwischen die oberen Bänke der Kalke hineingepreßt worden, oder aber die Schiefer sind als Letten von sehr wechselnder Mächtigkeit in die Flächen der Querverwerfer mitgerissen und eingequetscht worden. Auf derartige unregelmäßige Lagerungsverbände zwischen den obersten Bänken des Wettersteinkalkes und den Raibler Tonschiefern ist die besonders von Potiorek hervorgehobene und in Profilen dargestellte scheinbare Diskordanz zwischen der Lagerung des Wettersteinkalkes und den hangenden Schiefern zurückzuführen, welche aber nicht primär, sondern lediglich als Folge der tektonischen Bewegung der Gesteinsfolge anzusehen ist. Wir kommen später auf diese durchaus zutreffende Beobachtung Potioreks zurück. In der älteren Literatur werden die in die Querverwerfer eingepreßten, aus ihrem Lager verschleppten Schieferpartien als „Kreuzschiefer" bezeichnet. In früheren Zeiten ist der Raibler Schiefer beim Bergbau häufig durchfahren worden, was in den letzten Jahrzehnten nur sehr selten geschehen ist. Es sind in dem Schiefer als normale stratigraphische Einlagerungen Kalklinsen angetroffen worden, welche ausgezeichnet erhaltene Fossilien einschließen. Vor allem tritt der für das Niveau leitende Ammonit, Carnites floridus auf, welcher mit seiner Perlmutterschale noch erhalten ist. Diese Einlagerungen werden als **„Bleiberger Muschelmarmor"**[1] in der älteren Literatur häufig genannt. In einer der alterältesten Beschreibungen von triadischen Fossilien überhaupt beschreibt Wulfen im Jahre 1793 den Carnites floridus (Wulfen) v. Mojs. in farbigen Abbildungen als „Kärnthenschen pfauenschweifigen Helmintholith". Der Muschelmarmor besteht aus sehr festem, splitterig brechendem, etwas kristallinem, im Bruch grau gefärbtem Kalkstein. Er enthält eine große Anzahl von mit Schale erhaltenen Brachiopoden, Muscheln und Crinoidenresten. Die Schalen des Amoniten, Carnites floridus sind in ihrer ursprünglichen Beschaffenheit mit dicker Perlmutterschicht, von rötlichem und gelbem irisierenden Lichtreflex und mit einer dünnen äußeren dichten Kalkschicht in einer Weise noch erhalten, wie sie kaum sonst

---

[1] Dieser Name stammt aus der ersten Beschreibung des schon früh durch die in ihm schön erhaltenen Molluskenschalen aufgefallenen Gesteins durch X. Wulfen: Abhandlung vom Kärnthenschen pfauenschweifigen Helmintholith oder opalisierenden Muschelmarmor. Erlangen. 1793. — Vgl. auch v. Hauer, Über die Cephalopoden des Muschelmarmors. Haidingers naturw. Abhandl. Bd. I. 1946.

aus triadischen Ablagerungen bekannt ist. Dem Einschluß der Muschelmarmorlinsen in dem wasserundurchlässigen Raibler Tonschiefer ist diese Erhaltung zuzuschreiben. Herr stud. ing. geol. Otto Hohl hat auf meine Anregung eine Bestimmung der im Muschelmarmor zu beobachtenden Fossilreste ausgeführt. Die Präparation dieser Reste ist wegen der festen splitterigen Beschaffenheit des Gesteines sehr schwer. Es ließen sich aber die folgenden Fossilien bestimmen:

Myophoricardium cf. lineatum Wöhrm.
Hoernesia Sturi Wöhrm.
Hoernesia Sturi cf. var. austriaca Bittn.
Myophoriopsis (Corbula) Rosthorni Boué.
Spiriferina sp. cfr. gregaria Sueß.
Cuspidaria cf. gladius Laube.
Isocrinus sp. cfr. tiroliensis Bittn. (emend. Laube).

Toula[1] fand in mergeligen Kalkschiefern dieses Niveaus über Tag, östlich Bleiberg, in einem Aufschluß bei der Abzweigung des nach Heiligen Geist führenden Pfades von der nach Bleiberg von Villach führenden Straße Corbis Mellingi, ferner auch die für die oberen Raibler Schichten (Torerschichten) bezeichnende Myophoria Whatleyae v. Buch sp. G. Geyer[2] fand ferner am Westfuße des Dobratsch (Denkbühel bei Nötsch) Spiriferina Lipoldi Bittn., Teretrabula julica Bittn. und Corbis Mellingi ? v. Hau. vor.

Das normale Hangende der Raibler Schiefer bildet der Hauptdolomit, welcher der Tektonik entsprechend lediglich in den tieferen Gehängen in der Nähe und in der Tiefe des Bleiberger Tales auftritt.

Außer diesen triadischen Gesteinen ist noch der Rest einer jungen Bedeckung des Gebietes an der Südflanke des Erzberges in Kadutschen, nördlich der Bleiberger Straße zu erwähnen. Dieser sehr auffallende, an steiler Wand aufgeschlossene Erosionsrest wird von Geyer als eine mindestens dem älteren Diluvium, vielleicht aber dem jüngeren Tertiär angehörige, bunte, zumeist aus Kalkbrocken bestehende Breccie beschrieben.

b) Die Tektonik

Die Tektonik des Bleiberger Gebirges konnte erst von jenem Zeitpunkt an richtig erkannt werden, an welchem die normale Überlagerung der Wettersteinkalke durch die Raibler Schichten und das Nichtvorhandensein einer Schubfläche zwischen beiden erkannt worden war. Die Aufschlüsse in den Grubenbauen von Bleiberg-Kreuth und speziell die Schurfarbeiten und Abbaue, welche früher noch auf der Höhe des Blei-

[1] S. o. Verh. d. k. k. geol. R. A., S. 297. 1887.

[2] Zur Tektonik des Bleiberger Tales in Kärnten. Verh. d. k. k. geol. R. A.. S. 349. 1901.

berger Erzberges umgingen, hatte schon Potiorek[1] im Jahre 1863 instand gesetzt, den Aufbau des Bleiberger Erzberges im ganzen richtig darzustellen. Nachdem Sueß zuerst im Jahre 1868 auf die zwischen Erzberg und Dobratsch verlaufende Störung hingewiesen hatte und v. Mojsisovics diese im Jahre 1872 wiederum behandelt hatte, finden wir bei Hupfeld und später bei Frech diese Störung von neuem behandelt. Dagegen hatte man sich wenig um die Tektonik des Dobratsch gekümmert und finden wir bei Hupfeld[2] im Jahre 1897 noch eine recht verfehlte Darstellung seines Baues. Erst die von G. Geyer[3] vorgenommene geologische Aufnahme des Bleiberger Gebietes, über welche dieser im Jahre 1901 berichtet hat, brachte Klarheit über die Tektonik der Villacher Alpe (Dobratsch), über seine tektonische Beziehung zum Bleiberger Erzberg und über den Aufbau des gesamten Gebietes, soweit er aus der Begehung übertags zu entnehmen war.

Die ausführliche Darstellung G. Geyers bildet auch die Unterlage der nachfolgenden Beschreibung, jedoch haben seine Angaben über die Tektonik des Gebietes durch die Verwertung der umfangreichen Aufschlüsse im Bleiberg-Kreuther Bergbau eine weitgehende Ergänzung erfahren können. Ohne die Kenntnis des nur durch die Aufschlüsse im Bergbau zu ermittelnden tektonischen Kleinbaues des Gebirges hätte auch der Vorgang und das Alter der Vererzung nicht geklärt werden können.

Der Bleiberger Erzberg besteht in seiner Hauptsache aus Dolomiten und Kalken des Wettersteinhorizontes. In ihm fallen die wohlausgebildeten Bänke dieses obertriadischen Gesteines fast ständig in Süd, am Berg selbst meist mit 25 bis 30°, am Fuße des Berges und unter der Sohle des Bleiberger Tales steiler, ohne aber eine seigere Stellung anzunehmen. Infolgedessen wird die Nordflanke des Bleiberger Erzberges von den stratigraphisch tieferen Wettersteindolomiten, die Südflanke und der größte Teil des Scheitels des Berges von den stratigraphisch höheren, aber gegenüber den Dolomiten weniger mächtigen Wettersteinkalken gebildet. Der Übergang des Wettersteindolomites in den Wettersteinkalk erfolgt allmählich, den Dolomiten sind bereits einzelne Kalke eingelagert, während die hangenden Bänke des Wettersteinkalkes keine Dolomite mehr aufweisen. Vor allem sind im Niveau der sogenannten Erzkalke nirgends Dolomite angetroffen worden. An der äußeren Partie des Südgehänges des Berges tritt ferner der Raibler Schiefer und am Südfuß in einer Zone von wechselnder Breite auch Hauptdolomit auf.

Der Nordfuß des Bleiberger Erzberges ist ebenso wie der Südfuß,

[1] Über die Erzlagerstätten des Bleiberger Erzberges. Österr. Zeitschr. für Berg- und Hüttenwesen. Bd. XI. S. 373ff, 1863.

[2] Der Bleiberger Erzberg. Zeitschr. für prakt. Geologie. Bd. V. S. 233ff 1897.

[3] Zur Tektonik des Bleiberger Tales in Kärnten. Verh. d. k. k. geol. R. A., S. 338ff. 1901.

letzterer in der Tallinie des oberen Nötsch- und des Bleiberger Baches, durch eine Störung bedingt. Beide Dislokationen laufen mit vornehmlich ostsüdöstlichem Streichen einander parallel.[1] Am ganzen 12 km langen Nordrande des Erzberges tauchen an seinem Fuße dunkle Muschelkalkbänke als Liegendes des Wettersteindolomites auf, welche an im Norden der Störung vorhandenen Hauptdolomit abstoßen. Der Gipfel des Kowes Nock besteht aus Wettersteinkalk, unter welchem im oberen Peilgraben aber alsbald Wettersteindolomit folgt.

Am Südfuße des Bleiberger Erzberges erscheinen die wenig mächtigen hangenden Raibler Schiefer und über ihm der Hauptdolomit. Beide sind am Südfuße des Kowes Nock und bei Kreuth mehrfach übertags sichtbar. Vom Hauptdolomit wird der westlich Kreuth zum Erlachgraben gelegene auffallende Felskopf gebildet, in welchem ein verfallener Steinbruch sichtbar ist. Hauptdolomit ist mehrfach zwischen den Häusern von Kreuth aufgeschlossen worden und reicht er südlich des Kreuther Posthauses bis zum Bach hinab. Gegen Osten läßt sich der Hauptdolomit von Kreuth südlich des Antoni-Schachtes bis zu jener Felspartie nördlich des Baches verfolgen, an welcher die Wasserscheide zwischen dem östlich fließenden Bleiberger- und dem westlich fließenden Nötscher Bach gelegen ist. Im westlichen und mittleren Teil des Bleiberger Revieres ist derzeit wenigstens keine Stelle bekannt, an welcher das Hangende des Wettersteinkalkes des Erzberges, d. h. Raibler Schiefer oder Hauptdolomit übertags sichtbar wären. Beide sind hier von Talschutt bedeckt. Erst wieder im östlichen Teil des Bleiberger Revieres werden beide sichtbar. Sie steigen etwas westlich des Stephanie-Schachtes aus der Talsohle bis 200 m am Gehänge östlich in Kardutschen hinauf. Zugleich wird die Lagerung in den höheren Teilen des Erzberges eine kompliziertere. Es sind Einfaltungen des Schiefers in den Kalk vorhanden, wie sie zum Teil in den alten Profilen von Potiorek wiederzuerkennen sind.[2] Anscheinend sind aber am oberen Berg auch verwerfende O-W-Sprünge teilweise erzführend angetroffen worden.

Im Gegensatz zu dem Erzberg hat der Schichtenaufbau der Villacher Alpe mit dem Dobratsch lange Zeit kein besonderes Interesse gefunden. Selbst auf der geologischen Kartenskizze von Hupfeld[3] aus dem Jahre 1897 ist sein Aufbau noch wenig zutreffend wiedergegeben und erst G. Geyer hat die Verhältnisse geklärt. Der lange Zug der Villacher Alpe

---

[1] Der Angabe Geyers, daß die beiden Störungen gegen W konvergieren, kann ich nicht zustimmen. Sie sind, soweit wir bei der später zu besprechenden Verstellung der einzelnen Teile der Bleiberger Dislokation davon reden können, als gleichgerichtet anzusehen.

[2] Vgl. Grubenkarte bei Pošepný, Berg- u. Hüttenm. Jahrb., Bd. XLII, Taf. III, Abb. 3. 1894.

[3] Zitat auf S. 16. Zeitschr. für praktische Geologie. 1897. S. 237.

besteht ebenso wie der Bleiberger Erzberg seiner Hauptsache nach aus Wettersteindolomit und Wettersteinkalk, welche vorwiegend in N fallen. Da der Gebirgszug von WNW gegen OSO verläuft, steigen die den Gipfelzug des Dobratsch bildenden hangenden Wettersteinkalke auf der Nordflanke gegen Osten ständig tiefer in das Bleiberger Tal hinab und südlich Bleiberg wird bereits das mächtige Kar des Alpenlahner von diesem Kalk gebildet. Dieser Tektonik entsprechend erscheinen am äußersten Südostfuße der Villacher Alpe oberhalb Nötsch die ältesten triadischen Schichten, mächtige rote Sandsteine, während sich am Westfuß eine Änderung der Gesamtlagerung der Schichten vollzieht. Auch die Villacher Alpe ist am Nord- wie am Südrande von Dislokationen begrenzt. Am Nordrand gegen den Fuß des Bleiberger Erzberges verläuft die vorerwähnte Bleiberger Störung und am Südfuß stellte G. Geyer die Dobratsch-Störung fest. Diese Störung durchschneidet nach diesem Autor im Thorgraben zwischen dem Kilzerberg im Norden und dem Nötscher Schloßberg im Süden den Südwestteil des Dobratsch, um über die Lacker Ställen nördlich des Kuhriegels den steilen Südabfall des Dobratsch zu durchschneiden, wo der furchtbare Arnoldsteiner Bergsturz aus dem Jahre 1348 an dieser Störung ausgelöst sein dürfte (vgl. Profil, Abb. 5, S. 23).

Gegen Osten stellt sich im Nordostteil der Villacher Alpe im Gebiet des Heiligen Geister Hochtales das Hangende der Wettersteinkalke, der Raibler Schiefer- und Mergelhorizont ein, welcher den Untergrund der grünen und feuchten Flächen um Heiligen Geist bildet. Über ihm lagert der Hauptdolomit mit seinen tiefsten Partien, welcher mit nördlichem Fallen bei Mittenwald wiederholt aufgeschlossen ist (vgl. Profil, Abb. 7, S. 25).

Die wichtigste Dislokation des Bleiberg-Kreuther Revieres bildet der häufig in der Literatur erwähnte „Bleiberger Bruch". Diese Dislokation ist von Sueß, Mojsisovics bis Geyer als eine normale streichende, seiger stehende Verwerfung angesprochen worden, während die Grubenaufschlüsse im Laufe ihres Fortschreitens immer deutlicher ihre gegen Süd geneigte Stellung und ihre Natur als Überschiebung offenbart haben. Diese Dislokation verursacht das In-die-Tiefe-gehen der Bleiberger Erzlagerstätte unter das Bleiberger Tal. Mit der Auffassung von ihrem Verlauf hängt die Ansicht von dem Anhalten der Erzkörper unter dem Bleibergtal und die Beurteilung der vorhandenen Erzreserven zusammen, so daß sie für den Bergbau die größte Bedeutung besitzt.

Nach dem bereits Ausgeführten erscheint es erklärlich, daß diese Dislokation, welche im großen dem Bleiberger Längstal folgt und die Entstehung dieses Tales vorgezeichnet hat, im Bleiberger Revier nur im Osten bei Kreuth und im Westen in Kardutschen übertags sichtbar ist.

Die Bleiberger Überschiebung erreicht das Bleiberger Tal von Westen her, aus dem Südabfall der Gailtaler Alpen nördlich Förolach über die Windische Höhe oberhalb Matschiedl. Von dieser Höhe (1100 m) aus verläuft sie entsprechend ihrem südlichen Einfallen über das Nordgehänge des Vizalaberges bis nördlich der Kote 1496 südlich der Windischen Alpe (1557 m) in einem auf der Karte (d. h. in der Horizontalprojektion) gegen Nord gerichteten Bogen,[1] um von diesem Punkte aus im oberen Erlachgraben an dem zirka 600 m hohen Steilgehänge steil gegen SSO zu ziehen. Dieser auf der Karte erscheinende geschwungene Verlauf ist nicht mit einer Richtungsänderung der Störung verbunden, sondern ist lediglich auf das gegen Süd gerichtete Einfallen der Überschiebung zurückzuführen. Am Westrande von Kreuth verläuft die Störung südlich des vorerwähnten Hauptdolomitklotzes mit dem verlassenen Steinbruch am Südende des Sattlergrabens. Südlich des Posthauses von Kreuth ist aufgeschlossener Hauptdolomit zirka 20 m von dem jenseits der Überschiebung sichtbaren Werfener Sandstein entfernt. Der südlich fallende Hauptdolomit des Kirchenhügels vor Kreuth reicht bis zur Straße hinab. In Kreuth beißt die Dislokation demnach nur wenig südlich der Straße zutage aus, sie dürfte die Straße aber bei der großen Halde bereits durchschneiden und bis zur Wasserscheide entweder unter ihr und später wieder südlich verlaufen. Der Bergbau hat sowohl im Kreuther als auch im Bleiberger Revier an vielen Stellen Anhaltspunkte über ihren Verlauf gegeben (für das Folgende vgl. Karte auf S. 20). Unmittelbar angeschnitten ist sie aber nur durch den alten Leopold-Erbstollen im Westen. Die ausgedehnten Aufschlüsse im Bergbau haben uns aber gezeigt, daß die Bleiberger Überschiebung ursprünglich wohl recht regelmäßig westöstlich (mit einem Strich in WNW—OSO) verlaufen ist, daß sie dann aber später durch zahlreiche jüngere Querstörungen zerstückelt worden ist. Auf den Grubenkarten läßt sich sehr klar erkennen, daß die ursprünglich einheitliche Bleiberger Längsdislokation dergestalt in einzelne Teile zerschnitten worden ist, daß auf den Grubenkarten die jeweils an den Querstörungen verstellten Teile der Bleiberger Dislokation von West und Ost vorschreitend gegen Nordost, selten gegen Südwest verschoben erscheinen. Dieses Bild zeigt die auf S. 20 wiedergegebene Lagerstättenkarte sehr deutlich. Diese jüngeren Querbrüche sind südwestlich-nordöstlich gerichtet. Sie streichen westlich Kreuth im Talkessel des Fuggertales an den südlichen Endigungen des Schneider-, Maurer- und Sattlergrabens sowie im Kreuther Revier in 3^h. Im Bleiberger Revier nehmen sie ein Streichen in 4^h und 5^h an. Die für den Bergbau wichtigsten Querstörungen sind die S a t t l e r g r a b e n - Q u e r s t ö r u n g nach 2^h, an

[1] Dieser Bogen kommt auf der geologischen Karte der Karnischen Alpen von Fr. F r e c h gut zum Ausdruck. Die Karnischen Alpen. Halle 1894.

welcher die das Südgehänge des Kowes-Nock zwischen Schneidergraben und Sattlergraben durchschneidende Bleiberger Überschiebung westlich Kreuth in das Kreuther Längstal verschoben wird, die Rauterriese-Querstörung nach 3^h am Ostrande des Kreuther Revieres, an welcher die Bleiberger Dislokation gegen Norden bis zum Antoni-Schacht verworfen wird, die Markus-Vierer-Querstörung nach 4^h, welche die Bleiberger Verwerfung unter dem Westrande des Ortes Bleiberg verwirft, und die Stephanie-Querstörung nach 4^h, welche westlich des Stephanie-Schachtes die Bleiberger Störung quert. An allen diesen Querstörungen erscheint die östlich gelegene Scholle auf der Grubenkarte gegen N verschoben.

Neben den genannten Querstörungen sind noch eine größere Anzahl anderer parallel verlaufender von geringerer Bedeutung durch den Bergbau aufgeschlossen; auf sie wird bei der Besprechung der Lagerstätte noch eingegangen werden.

Kehren wir zunächst zur Betrachtung der Bleiberger Überschiebung zurück. Im Bergbau ist sie nur an einer Stelle durchfahren worden, und zwar bei Kreuth durch den Leopold-Erbstollen, welcher im Jahre 1789 angeschlagen wurde. A. R. Schmidt[1] berichtete im Jahre 1869 über das im Erbstollen angetroffene Schichtprofil, welches aber damals nur unvollständig interpretiert werden konnte und deren interessanteste Teile heute wegen der erfolgten Ausmauerung des Stollens nicht mehr sichtbar sind. Das Mundloch des Erbstollens befindet sich südwestlich Kreuth vor dem oberen Ende des Nötschgrabens, die Stollenachse verläuft von dort fast rein gegen Ost. Die zur Auffahrung von zirka 3800 m im Jahre 1869 angetroffenen Schichten sind nach Schmidt die folgenden:

			Deutung
1.	Roter Sandstein	95 m	= Werfener Schiefer.
2.	Tonschiefer (Deckenschiefer) .	893 m	= vermutlich an einer Verwerfung eingeklemmter oberer Muschelkalk.
3.	Guttensteiner Kalk	266 m	= unterer Muschelkalk.
4.	Tonschiefer	38 m	= oberer Muschelkalk (Partnachmergel ?).
	Bleiberger Überschiebung angetroffen		
5.	Erzführender Kalk	38 m	= an der Überschiebung angetroffene vererzte Breccie.
6.	Erzkalk mit Schiefereinlagerungen	1150 m	= Teile des in Süd fallenden normalen Südschenkels des südlichen Erzberges = normale Abbaulagerstätte.

[1] Über den Erbstollen zu Bleiberg in Kärnten. Zeitschr. d. Berg- u. Hüttenm. Ver. f. Kärnten, I, S. 32. 1869.

Additional material from *Die Blei-Zinkerzlagerstätte von Bleiberg-Kreuth in Kärnten,*
ISBN 978-3-7091-9609-0, is available at http://extras.springer.com

Dieses Gestein Nr. 6 wurde demnach in einer Gesamtentfernung von zirka 2500 m vom Stollenmundloch verlassen. Die Rauterriese-Querstörung muß bei zirka 1600 m, also innerhalb dieser Gesteinsserie Nr. 6 durchfahren worden sein, während bei 2500 m, bevor nunmehr Hauptdolomit erreicht worden war, die später zu besprechenden Lehmboden-Querstörung durchörtert worden ist.

7. Stinksteine . . . . 207 m = Hauptdolomit
8. Tonschiefer . . . . 57 m = Raibler Schiefer.
9. Erzkalk. . . . . 950 m = Wettersteinkalk = normale Abbaulagerstätte.

Der Erbstollen hatte nunmehr eine Auffahrung von zirka 3700 m erhalten. Er hatte in dieser Stelle die Rauchfang-Querstörung (s. nebenstehende Lagerstättenkarte) erreicht.

10. Tonschiefer . . . . 55 m = Verwerfungs-Lettenschiefer.

Rauchfang-Querstörung

11. Stinkstein. . . . . 57 m = Hauptdolomit.

Die Gesamtlänge des Erbstollens betrug demnach im Jahre 1869 = zirka 3800 m. Der Leopold-Erbstollen hat demnach an zwei Stellen den normalen Erzhorizont und außer der Bleiberger Überschiebung drei Querstörungen durchfahren.

Die vorstehende Deutung des Grubenprofils des Erbstollens steht in bestem Einklang mit der dieser Abhandlung beigefügten geologischen Lagerstättenkarte (s. Abb. 4) und erwähnt P. Mühlbacher[1] auch, daß die Kastlererzzüge, welche westlich der Lehmboden-Querstörung gelegen sind, erst im Jahre 1840 erreicht worden sind. Später hat der Leopold-Erbstollen den in West-Bleiberg gelegenen Rudolf-Schacht ererreicht. Der Leopold-Stollen befindet sich 120 m unter der Rudolfschachter Hängebank, d. h. in 832,5 m ü. d. Meere, oder nur zirka 100 m unter dem Boden des Bleiberger Tales. Südlich Kreuth befindet er sich stellenweise nur 60 m unter der Straßenhöhe.

Das gegen Süd gerichtete Verflächen der Bleiberger Verwerfung ist dadurch bei Kreuth erwiesen, daß der heute auf der tiefsten Sohle umgehende Abbau in söhliger Vermessung bereits 50 m südlich des oberflächlichen Ausbeißens des Bleiberger „Bruches" umgeht. Oder um es prägnanter auszudrücken: Es geht der Bergbau unter dem dem Südflügel der Bleiberger Überschiebung angehörenden Buntsandstein noch immer in der steil südlich verflächenden, zum Erzberg gehörigen, also dem Nordflügel der Überschiebung angehörenden Lagerstätte um. Mit welchem Winkel die Bleiberger Überschiebung südlich fällt, ist im Bergbau bisher nicht festgestellt worden, da das Anfahren der Dislokation wegen der

[1]) P. Mühlbacher, Übersichtliche Geschichte der Kärntner Bleiberg-baue usw., S. 229. Carinthia 1873.

zu befürchtenden starken Wasserführung des Gebirges sorgfältigst vermieden wird. Alle Anzeichen sprechen dafür, daß sie ganz erheblich von der Saigerlage entfernt sein muß. Nach der Ausbißlinie der Überschiebung von der Höhe 1400 bei der Windischen Alpe bis Kreuth (850 m) würde sich eine Neigung von $\operatorname{tg} x = \frac{550}{900}$, also von 31^{0} ergeben. Es muß vorläufig allerdings als unwahrscheinlich bezeichnet werden, daß die Bleiberger Überschiebung im Bleiberg-Kreuther Reviere selbst eine solch flache Lagerung aufweisen sollte. Aus der Auffahrung in Kreuth läßt sich nur eine Minimalzahl für die Neigung der Überschiebung ermitteln, als solche ergibt die Einsicht in die Grubenkarten ein Verflächer in Süd mit 45^{0}.

Der Dobratsch ist also an der Bleiberger Überschiebung ziemlich flach von Süden gegen Norden auf den Fuß des Bleiberger Erzberges aufgeschoben.

Da die Bleiberger Überschiebung an keiner anderen Stelle des Bergbaues angefahren wurde, ist ihre Lage lediglich annähernd aus der Ortsbestimmung derjenigen Linie zu ermitteln, an welcher jeweils die steil südfallenden Raibler Schiefer die Talsohle erreichen. Es ist hiebei allerdings zu berücksichtigen, daß die horizontale Entfernung der Bleiberger Überschiebung von der gleichgerichteten Zone der Raibler Schiefer durchaus nicht im ganzen Reviere die gleiche sein wird. Die Überschiebung wird dem Schiefer dort näher sein, wo der Schiefer steiler in Süd fällt. Während wir nun den Raibler Schiefer in der Talsohle von Kreuth mit zirka 50^{0} Fallen in Süd beobachten, beträgt sein Verflächen in Bleiberg-Ost nur 25^{0}, um allerdings im inneren Bleiberg, in Bleiberg-Mitte, sogar 60^{0} zu betragen. In Bleiberg-Ost geht sein Einfallen aber wieder auf 25^{0} herunter. Die Bleiberger Überschiebung dürfte daher dem Raibler Schiefer bei Kreuth näher sein als in Bleiberg-Ost. Auf der auf S. 20 wiedergegebenen Karte des Erzrevieres konnten die Oberflächenausbisse der Bleiberger Überschiebung nicht angegeben werden. Auf ihr ist lediglich der Verlauf der südlich fallenden Raibler Schiefer auf der tiefsten Abbausohle eingezeichnet. Auch in den tiefsten Abbauen von Bleiberg und Kreuth sind bisher keine Anzeichen von der Nähe der Bleiberger Überschiebung festgestellt worden. Auf der auf S. 20 wiedergegebenen Karte des Erzrevieres müssen die einzelnen Teile der Bleiberger Dislokation jeweils dem Streichen der Raibler Schiefer parallel verlaufen und in etwas wechselndem Abstand weiter südlich gegen das Dobratschmassiv gelegen sein.

In Kreuth bewegen sich die tiefsten Abbaue 600 m unter dem Tagkranz des Rudolf-Schachtes, d. h. zirka 500 m unter dem Kreuther Talboden. Die tiefsten Baue des Bleiberger Revieres befinden sich 234 m unter der Talsohle. In diesen Tiefbauen fiel die Erzzone und mit ihr der Raibler Schiefer ständig mit 70 bis 80⁰ in Süd. Diese tiefsten Abbaue stehen auch in Bleiberg südlich der Straße unter dem Talboden. Das tektonische Bild der Bleiberger Dislokation ist auf alle Fälle, entsprechend dem bereits auf bedeutende Entfernung nachgewiesenen Überfahren der Scholle des Erzberges durch diejenige des Dobratsch und entsprechend der mächtigen Breccienzone auf der Dislokationsebene, nicht dasjenige einer einfachen inversen Verwerfung, sondern vielmehr dasjenige einer Überschiebung.

Betrachten wir die große Bleiberger Überschiebung in ihrem Gesamtverlauf durch das Erzrevier, etwa an den drei als Abb. 5 bis 7 gegebenen Profilen, so ist es unverkennbar, daß die Sprunghöhe zwischen den sich

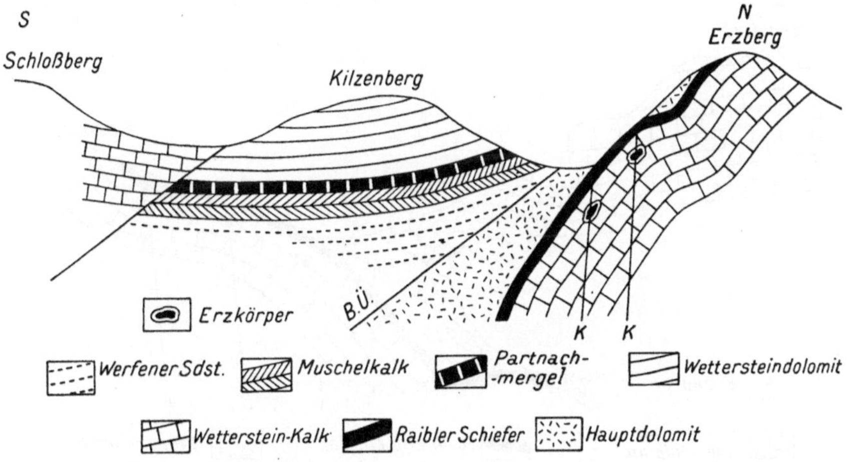

Abb. 5. Geologisches Profil durch den Nordabfall des Dobratsch bis zum Bleiberger Erzberg in Kreuth. BÜ = Bleiberger Überschiebung, K = Ostwest-Klüfte, an ihnen die Erzkörper im obersten Wettersteinkalk

an ihr beiderseits berührenden Gebirgsteilen im Osten, wo der Werfener Horizont und östlich der Kreuther Kirche, wo Muschelkalk von Süden auf den Hauptdolomit des Erzbergfußes aufgeschoben ist, am größten ist. Sie scheint daher, so wie es G. Geyer bereits hervorgehoben hat, im Osten auszuklingen. In den östlichsten Teilen des Bleiberger Revieres ist sie als solche immer noch vorhanden, wenn sich auch sowohl im oberen Gehänge des Erzberges als auch in dem überschobenen Flügel des Dobratsch ein Faltenbau einstellt (Abb. 7).

Die von Südwest in Nordost streichenden Querstörungen, deren Hauptlinien oben beschrieben wurden, verwerfen die Bleiberger Überschiebung und sind daher jünger als diese. Es liegen in der Literatur vielfach Beobachtungen vor, daß sie nicht nur auf der Erzbergseite auftreten, sondern sich geradlinig in das Dobratschmassiv gegen SW fortsetzen.

Es ist seit langer Zeit eine im Bleiberger Bergbau bekannte Tatsache, daß die Querstörungen in der Regel die Erzzone und damit das gesamte Gebirge an ihrem Südostflügel gegen NO verwerfen. Da das am Südfuße des Erzberges gegen Süd gerichtete Verflächen des Wettersteinkalkes, der Raibler Schiefer und des Hauptdolomites unter die Bleiberger Überschiebung mit dieser selbst in ursächlichem Zusammenhang steht, wird auch die Bleiberger Überschiebung selbst durch die Querstörungen in einzelne von West gegen Ost vorschreitend jeweils nach Nordost versetzte Teile zerschnitten. Zugleich wird bei jeder einzelnen Scholle das ursprünglich nahezu genau westöstlich gerichtete Streichen etwas im Sinne des Uhrzeigers gedreht. Diese Drehung ist besonders auf den aus-

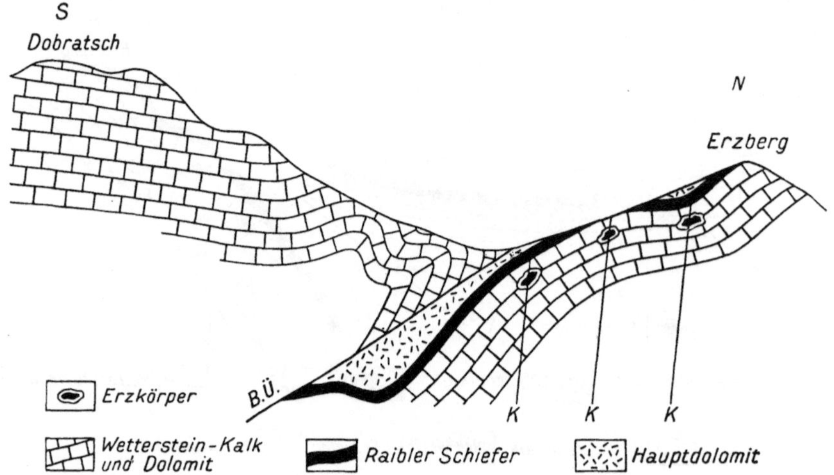

Abb. 6. Geologisches Profil durch den Nordabfall des Dobratsch bis zum Bleiberger Erzberg in Bleiberg-West. BÜ = Bleiberger Überschiebung. K = Ostwest-Klüfte, an dieser die Erzsäulen in den obersten Wettersteinkalkbänken

gezeichneten Grubenkarten der Direktion der Bleiberger Bergwerks-Union sehr schön zu verfolgen und kommt auch auf der dieser Abhandlung beigegebenen Karte gut zum Ausdruck. Diese Drehung des Streichens, welche in der Scholle des Rudolf-Schachtes wohl ihr Maximum erreicht und dort für die Gesteinsschichten und für die Bleiberger Überschiebung fast zu einem nordwest-südöstlichen Streichen geführt hat, kann aber einer tatsächlichen Drehung der Schollen wenigstens in der Horizontalebene nicht entsprechen, da sie ohne das Eintreten einer völligen inneren Zerreißung einer derartigen Gebirgsscholle zwischen parallelen Störungen schwer möglich erscheint. Sie wird vielmehr dadurch verursacht, daß der unmittelbar östlich einer jeden Querstörung gelegene westlichste Teil jeder Scholle an der Querstörung stärker in die Tiefe verworfen ist als der mittlere oder gar der östliche Teil der Scholle. Die an den Querstörungen ausgeführte Bewegung entspricht mit anderen Worten nicht etwa Blattverschiebungen, d. h. es ist in der Hauptsache nicht zu horizontalen Verschiebungen an den Querstörungen gekommen, was man zunächst bei Betrachtung der Karte erwarten könnte, sondern zu einer Vertikalbewegung. An der Querstörung ging die östlich gelegene Schichtfolge gegenüber dem westlich der Querstörung gelegenen in die Tiefe. Das stärkste Absinken fand aber unmittelbar östlich der Querstörung statt, der Betrag des Absinkens wurde bei jeder Gebirgsscholle in größerer östlicher Entfernung von der betreffenden Querstörung geringer. Auf diese Weise erscheinen die Gebirgsschollen bei ihrer Darstellung im Grundriß im Sinne des Uhrzeigers gedreht.

Die Querstörungen stehen saiger oder, falls das nicht der Fall ist,

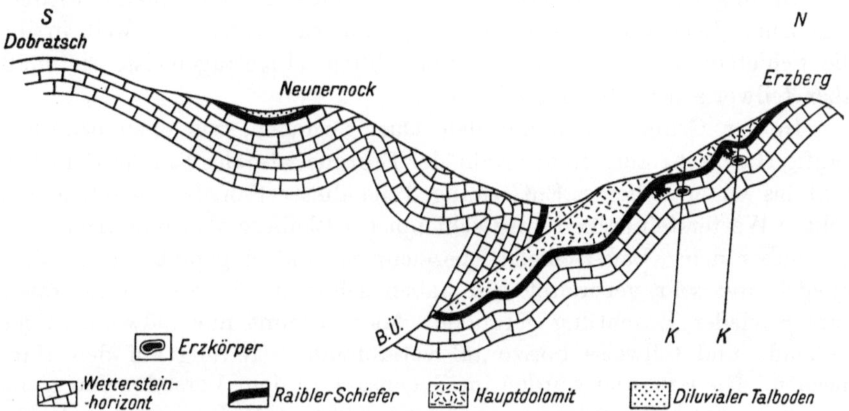

Abb. 7. Geologisches Profil durch den Nordabfall des Dobratsch bis zum Bleiberger Erzberg in Bleiberg-Ost (Kadutschen). BÜ = Bleiberger Überschiebung. K = Ostwest-Klüfte. Es ist das Eindringen der Raibler Schiefer in die Klüfte der obersten Wettersteinkalkbänke an den Stellen starker Schichtknickung dargestellt, ebenso die die Erzkörper 3 om unter den Raibler Schiefern.

zeigen sie ein Verflächen von 70 bis 80° in SO in Kreuth und von 60 bis 70° in Bleiberg. Das bedeutet, daß das Gesamtgebiet durch die Bewegung an den Querstörungen eine Zerrung oder eine Raumausdehnung in ostwestlicher Richtung erhalten hat. Die oben beschriebene Schiefstellung jeder Scholle würde aber wiederum eher einer Raumverminderung entsprechen.

Es verdient nun besonders hervorgehoben zu werden, daß diese scheinbare Verdrehung der Scholle durch die Querstörungen nur im Bleiberger und nicht im Kreuther Revier erscheint. Die Grubenkarten lassen im letzteren Reviere vor allem eine geringere Anzahl von Querstörungen erkennen und zeigen dann, daß dort nicht nur der Ostflügel dieser Querstörungen nach Norden versetzt, also im Sinne der obigen Deutung des tektonischen Bildes in die Tiefe gesunken ist, sondern daß auch westlich der Querstörung eine flexurartige Drehung in die Tiefe in dem unmittelbar der Querstörung benachbarten Teile der Schichtfolge, d. h. der Wettersteinkalkbänke und der Raibler Schiefer stattgefunden hat. Die auf Seite 35 wiedergegebene Abbildung läßt diese Lagerung gut erkennen.

Man ist nun in der Lage, in Bleiberg aus der Versetzung der Zone der Raibler Schiefer in der Horizontalprojektion, also auf der Grubenkarte und unter Berücksichtigung eines südlichen Einfallens des Lagers von zirka 80° den Betrag zu errechnen, um welchen die Vertikalverschiebung an der Querstörung erfolgte. Es ergibt sich auf diese Weise für die je 100 m Versetzung der Schiefer in der Horizontalen an der Querstörung ein ausgeführter Vertikalverwurf von $100 \times 5{,}7 = 570$ m. Die Sprunghöhe der Querstörungen ist aus der vorstehend wiedergegebenen Lagerstättenkarte nicht genau zu errechnen, weil in ihr die Schieferzone im jeweils tiefsten Abbau eingetragen ist, sie muß aber teilweise sehr bedeutend sein.

In der Grube treten auf den Querstörungen, wie oben erwähnt, häufig Harnische auf. In der Nähe der Erzzone, also der Raibler Schiefer, sind bis zu erheblicher Entfernung Teile dieser Schiefer zwischen den lichten Wettersteinkalken mitgeschleppt (in Bleiberg als „Kreuzschiefer“ gegenüber dem „Lagerschiefer“ bezeichnet) und eingepreßt, auch Erzspiegel sind sehr verbreitet und haben schon in der älteren Literatur immer wieder Beachtung gefunden. Man erkennt nur teilweise saiger stehende und teilweise horizontal verlaufende Streifung auf den Harnischen. Die letzteren würden im Gegensatz zu dem Vorstehenden nicht nur eine vertikale, sondern auch eine horizontale Bewegung auf den Querstörungen im Sinne von Blattverschiebungen anzeigen. Es muß aber immer wieder auf die unzulängliche Beweiskraft der aus der Streifung der Harnische gezogenen Schlußfolgerungen hingewiesen werden. Bekannt sind vor allem die sehr detaillierten Beobachtungen, welche Salomon und seine Schüler an dem Kluftsystem des Rheintalgrabens angestellt haben und welche vielfach Widersprüche oder zumindest tektonisch nicht erklärbare Resultate ergeben haben. Man darf nicht vergessen, daß in einem zur Ruhe gekommenen Gebirge durch jede Bewegung, und sei sie nur ein Erdbeben, eine Differentialbewegung an den Flächen geringen Widerstandes, d. h. an den vorhandenen jungen Verwerfungssystemen, ausgeführt wird, ohne daß es zu einer definitiven Lagerungsveränderung käme und daß solche bei Erdbebenbewegungen an Störungen eintretende Schwingungen beider Flügel gegeneinander ebenfalls Harnischbildungen verursachen können, welche mit der tatsächlich an den Störungsflächen erfolgten tektonischen Verlagerung nichts zu tun haben.

Die teilweise bedeutende Sprunghöhe der Querverwerfungen macht sich zum Teil auch deutlich an der Tagesoberfläche, und zwar am Südabfall des Erzberges morphologisch bemerkbar. Der Verlauf dieser Querstörungen ist an auffallenden Felswänden, welche gegen Südost gerichtete, also dem Streichen der Querstörungen parallele Steilabfälle aufweisen, zu verfolgen. Auch auf dem mehrfach gegipfelten Kamm des Erzberges ist das Durchstreichen der Querstörungen teilweise deutlich wahrnehmbar. Auf dem Titelbild sind diese Geländeformen gut sichtbar.

Mit der Besprechung dieser großen Dislokationen sind aber die in Bleiberg-Kreuth auftretenden Zerreißungsflächen noch nicht erschöpft. Durch das gesamte geschilderte System dieser Dislokationen verlaufen oft auf Hunderte von Metern im Bergbau verfolgte und jedenfalls noch weiter verfolgbare Ost-West-Klüfte. Diese müssen jünger als die Bleiberger Überschiebung und als die Querstörungen sein, weil sie, trotzdem sie der ersteren in ihrer Anlage gleichgerichtet erscheinen, weder von den Querstörungen noch auch von dem jeweiligen Streichen der Raibler Schiefer beeinflußt erscheinen. Sie sind für die bisher angefahrenen Erzkörper überall die Zubringer und besitzen für den Vorgang der Vererzung eine besondere Rolle. In ihrem Verlauf im Wettersteinkalk sind sie meist nur als unscheinbare „Lassen", Steinschneiden, wie Potiorek sie zutreffend genannt hat, zu erkennen. Sie verwerfen, meist nicht erkennbar, den bisherigen Beobachtungen gemäß nur bis 10 m. Stellenweise verlaufen derartige Klüfte in geringer Entfernung voneinander. Sie fallen mit 70 bis 80^0 in Süd, so daß in ihnen teilweise die Merkmale der großen Bleiberger Überschiebung wieder auftreten. Es werden auf diesen Klüften häufig Harnische beobachtet, für welche aber durchwegs ein vertikaler Verlauf der Streifung gilt. Derartige Ost-West-Klüfte erscheinen am oberen Erzberg als Verwerfer, allerdings von geringerer Sprunghöhe.

Die geschilderten Lagerungsverhältnisse im Bleiberg-Kreuther Erzreviere stellen gewissermaßen nur das grobe Gerippe der vielfach noch weiter komplizierten Lagerung der Gesteine und der Erzzone dar. Vor allem ist noch zu erwähnen, daß auch Nord-Süd-Klüfte im Erzberg auftreten, die im allgemeinen aber keine Verwerfer sind, und wenn sie eine Verschiebung zur Folge haben, nur eine solche von sehr geringem Ausmaß zeigen. Ferner ist der in Ost-Bleiberg besonders gut entwickelten Erscheinung des Zerbrechens der oberen Wettersteinkalkbänke unter den Raibler Schichten zu gedenken, welche dort zu beobachten ist, wo das südliche Einfallen sich lokal verstärkt. Der Schiefer ist dann zwischen die Wettersteinbänke eingedrungen und hat auch aus dem Lager losgebrochene Blöcke vollständig umhüllt. Es ist das eine Erscheinung, welche damit zusammenhängt, daß der spröde Wettersteinkalk jeder tektonischen Biegung einen sehr viel größeren Widerstand entgegensetzt, als es die hangenden Schiefer tun, besonders wenn letztere im bergfeuchten Zustand zerrissen und bereits in sehr weichen Zustand übergeführt worden sind. Die älteren Beschreibungen von Potiorek betonen auch in Kreuth und im östlichen und mittleren Teil des Bleiberger Reviers eine Divergenz im Verflächen der Wettersteinkalke und der hangenden Raibler Schiefer, welche als Diskordanz angesprochen, vor allem zu der anfangs irreführenden Ansicht Peters' geführt hat, daß zwischen diesen beiden Gliedern der Triasformation in unserem Gebiet eine Überschiebung verliefe. Gerade die außerordentlich plastische Beschaffenheit der Schiefer hat vielerorts ein lediglich durch lokale Druckwirkung bewirkte Verlagerung derselben zur Folge. Es kann der Schiefer an bestimmten Stellen zu größerer Mächtigkeit und zu linsenförmigen Massen anschwellen und es ist manchmal auf den Grubenrissen und selbst in dem Aufschlusse mancherorts schwer zu entscheiden, ob er an einer normalen Stelle lagert oder ob er lediglich durch Gebirgspressung in einen Raum lokal geringeren Druckes transloziert worden ist.

IV. Die Erzlagerstätte

a) Die morphologische Beschreibung und ihre Beziehung zur Tektonik des Gebietes

Es ist seit langem bekannt, daß die abbauwürdigen Erzkörper von Bleiberg-Kreuth in engster Wechselbeziehung zu der Tektonik stehen. Schon in der ersten Beschreibung dieser Lagerstätte durch Potiorek[1] wird das Vorhandensein und die Erstreckung der einzelnen Erzkörper innerhalb des Erzberges auf tektonisch vorbestimmte Räume zurückgeführt. Wir finden sodann bei Makuc,[2] Brunlechner[2] und Hupfeld[3] im wesentlichen mit Potiorek übereinstimmende Anschauungen. Jedoch lassen alle diese Darstellungen eine erschöpfende Behandlung über das Verhältnis von Tektonik und Vererzung vermissen und bedürfen in bezug auf Kreuth einer prinzipiellen Abänderung.

Die großen Erzzüge besitzen lediglich in gewissen untergeordneten am oberen Erzberg gelegenen Vorkommen den Charakter von epigenetischen Erzlagern, am Fuße des Erzberges und in der unter dem Talboden gelegenen Teufe stellen sie keine Lager, aber auch keine Gänge, sondern flache Erzschläuche dar. Da sie aber sowohl an einem stratigraphischen Horizont als auch an Klüfte gebunden sind, könnte man sie als ein Mittelding beider bezeichnen. Vielleicht würde man sie am besten als „Scharungslager" bezeichnen.

Den stratigraphischen Horizont der Vererzung bilden die oberen Bänke des mächtigen Wettersteinkalkes. Die Vererzung tritt zumeist etwa 30 m unter den Raibler Schiefern auf und in Bleiberg-Mitte, dort, wo, wie es im stratigraphischen Abschnitt beschrieben worden ist, in den oberen Bänken des Wettersteinkalkes lokal mergelige Schichten primär eingelagert worden sind, 30 m unter diesen Mergelschichten. Die Vererzung geht selten über 20 m in die Tiefe des Wettersteinkalkes, jedoch berichtet Makuc, daß sie auch bis 100 m unter den Schiefern beobachtet worden ist. Das Erz tritt aber nur an jenen, wenn auch durchaus nicht an allen jenen Stellen in diesem Niveau des Wettersteinkalkes auf, wo derselbe von den jungen, ostwestlich streichenden Klüften (s. S. 27) durchschnitten wird. Im steil gestellten Südflügel des Erzberges

[1] Zitat siehe oben S. 16.
[2] Zitat siehe unten S. 42.
[3] Zitat siehe oben S. 16.

unter dem Talboden entstehen daher im Bleiberger Revier an der Scharungszone der steil südlich geneigten Ost-West-Klüfte und der in SSW fallenden oberen Bänke des Wettersteinkalkes in SW steil einfallende Erzsäulen (vgl. Abb. 8), von denen an der miteinander parallel verlaufenden großen Anzahl von Ost-West-Klüften in jedem Teil von Bleiberg stets mehrere miteinander parallel und jeweils östlich bzw. westlich voneinander verschoben in die Tiefe setzen und einander, wie in der Abb. 9 ersichtlich, in der Aufrißdarstellung scheinbar teilweise überdecken. Diese Erzsäulen haben normal in den Wettersteinkalkbänken eine Breite von 4 bis 20 m und senkrecht zur Wettersteinbankung gerechnet eine Mächtigkeit von 4 bis 8 m, während ihre Tiefenerstreckung

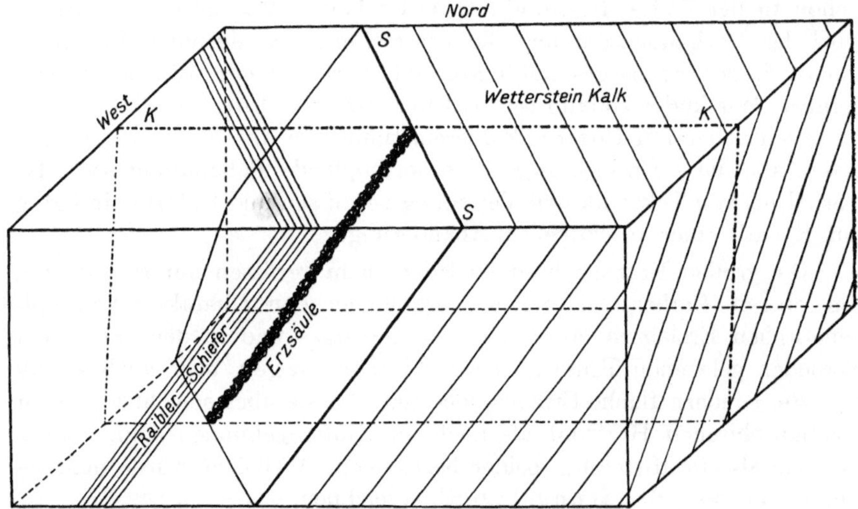

Abb. 8. Diagramm, in welchem die Ausbildung des Erzkörpers (der Erzsäule) an der Scharung der oberen, 30 m von Raibler Schiefern entfernten, Wettersteinkalkbank (S) mit einer West-Ost-Kluft (K) darstellt (Typus Bleiberg). Metasomatische Scharungslager

sehr bedeutend und allermeist noch nicht durch die Tiefbauten erschlossen ist. Wegen der im allgemeinen zu beobachtenden größeren Ausdehnung in der Breite, d. h. in der Ausdehnung der Schichtung im Wettersteinkalk, erscheint die oben vorgeschlagene Bezeichnung der Erzkörper als Scharungslager berechtigt. Die sehr bedeutende Höhe der Erzsäulen ergibt sich aber daraus, daß der Ramser Zug heute bereits über 900 m schräger Länge und der Allerheiligen Zug in ununterbrochenem Verlauf über 860 m verfolgt und abgebaut worden ist, ohne daß ihr Ende in der Teufe erreicht worden wäre. Bezüglich dieser Zahlen sei ferner bemerkt, daß die Mächtigkeit der Erzsäulen im obigen Sinne bei den größeren Zügen häufig bis 20 m geht und Makuc gibt in einem Falle sogar 100 m an. Die Erzsäulen bestehen dabei nicht aus massivem Erz, sondern haben, wie die nebenstehenden Abb. 9 zeigt, eine langgezogene maschige Struktur, in welcher die Längsrichtung der Säule auch in der Erzführung die Führung besitzt und von ihr aus Apophysen nach allen Seiten verlaufen. Insofern sich diese letzteren wieder vereinigen, verbleiben vom Erz eingeschlossene taube Kalkpartien. Es ist das Bild einer Vererzung aus einem in der Längsrichtung, d. h. von unten auf-

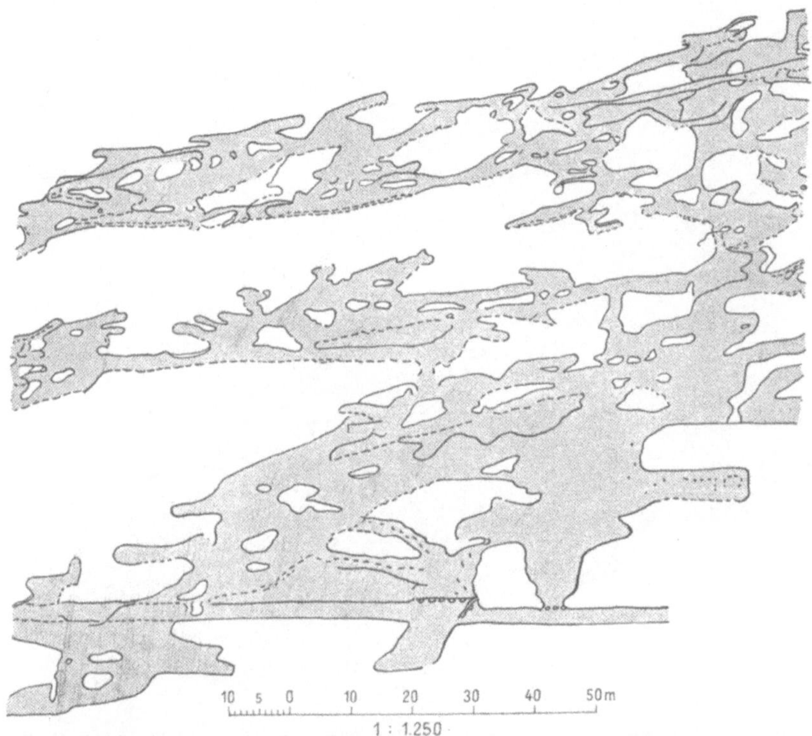

Abb. 9. Struktur der in SW fallenden Erzsäulen des „Maschinenganges" im Revier Bleiberg-West. Die schraffierten Partien stellen Erz, die weißen unveränderten Wettersteinkalk dar. Aufriß-Darstellung. An den gestrichelten Linien ist der Abbau nicht bis zur Grenze des Erzkörpers vorgedrungen.

steigenden mineralisierenden Wasser. An den Rändern der Säulen kann man das Erz vielfach an gewundenen Übergangszonen von besonderer später zu beschreibender Struktur an den Kalkgrenzen sehen, in anderen Fällen verliert sich die Vererzung am Rande der Erzsäulen in dem Kluftsystem des benachbarten Wettersteinkalkes. Der Abbau der Erzkörper vollzieht sich im Bleiberger Bergbau bis zum letzten sichtbaren Erzteilchen, da auch die unscheinbarsten Erzeinschübe in den Kalk sich beim weiteren Verfolgen wieder größer auftun können. Die seitlichen Erztrumms in dem Wettersteinkalk zeigen meist deutlich das Bild einer ganz ausgesprochenen metasomatischen Bildung und diese überwiegt auch an den sichtbaren Grenzen von Erz und Kalk. In anderen Fällen ist aber das metasomatische Bild nicht so klar. Wir kommen hierauf ausführlich zurück.

Von besonderem Interesse ist es, daß die Form der Erzkörper bei flachem Einfallen der Wettersteinkalke und Raibler Schiefer eine breitere,

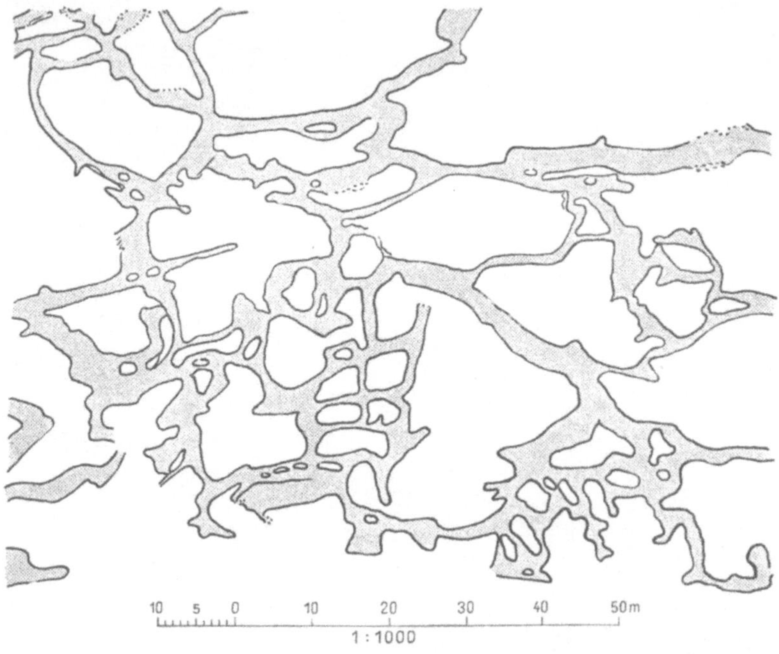

Abb. 10. Maschige Struktur des Erzkörpers bei wenig geneigter Stellung der Wettersteinkalkbänke im „oberen Schieferbau" in Bleiberg-West. Der Erzkörper besitzt weniger die Form einer Erzsäule als die eines Erzlagers. Die schraffierten Partien stellen das Erz dar.

lagerförmige ist, in welcher die langen zusammenhängenden, steil aufsteigenden Erzlinien fehlen und die Struktur, wie es die nebenstehende Abb. 10 vom „oberen Schieferbau" in Bleiberg-West zeigt, eine ungeordnete maschenförmige wird. Es ist das Bild einer mehr flächenförmigen metasomatischen Erzausbreitung. Man kann daher sagen, je weniger geneigt sich der stratigraphische Vererzungshorizont zeigt, um so mehr überwiegt der Lagercharakter, um so größer aber die Neigung ist, um so mehr nähert sich der Erzkörper der Gestalt der Erzsäule.

In jedem Fall ist das mineralisierende Wasser aber an den ost-weststreichenden Klüften aus der Tiefe aufgestiegen, in den oberen, im Raibler Schiefer abgedichteten Teilen dieser Klüfte aufgehalten worden und nun seitlich in die Schichtfuge der Wettersteinkalke eingedrungen. Teilweise

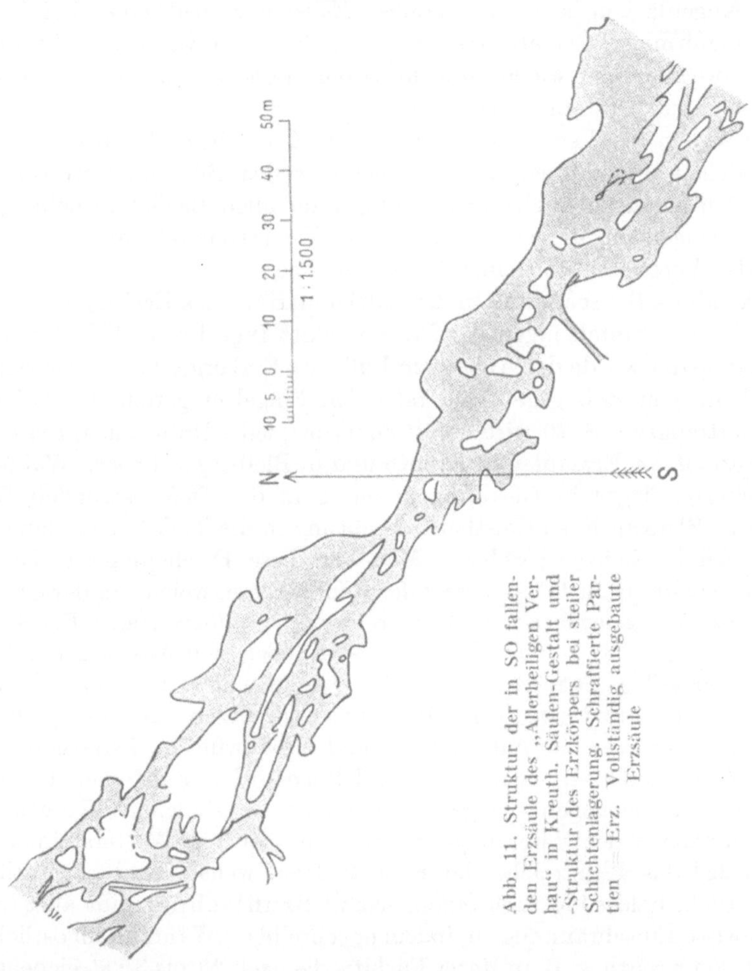

Abb. 11. Struktur der in SO fallenden Erzsäule des „Allerheiligen Verhau" in Kreuth. Säulen-Gestalt und -Struktur des Erzkörpers bei steiler Schichtenlagerung. Schraffierte Partien = Erz. Vollständig ausgebaute Erzsäule

ist die Verdrängung des Karbonates durch die Erze gleichzeitig, d. h. rein metasomatisch erfolgt, teilweise dürften die aufsteigenden Mineralwässer bereits ausgelöste Erweiterungen in den Ost-West-Klüften und in den Schichtfugen des Wettersteinkalkes vorgefunden haben, in denen die Erze zunächst eine Ausfüllung besorgten. Von dieser Ausfüllung hat der rein metasomatische Prozeß sodann alsbald in das Innere der Wettersteinkalkbänke hinein eingesetzt. Es kann daher keinem Zweifel unterliegen, daß auch, allerdings stets ganz untergeordnet, reine Kluftausfüllung von Gang- und Lagergangcharakter neben den weit überwiegenden metasomatischen Bildungen vorliegen. Die ersteren sind schmal und spitz auslaufend, die letzteren bilden dagegen durch runde Flächen, teilweise durch Kugelflächen begrenzte Räume. Es ist mir aber keine Erzbildung von gangförmiger Gestalt bekannt geworden, von welcher nicht dann streckenweise immer wieder eine metasomatische Erzausbreitung in das ungeschichtete Gestein ausgegangen ist.

Diese Art der Vererzung zeigt sich im Kreuther Revier in genau der gleichen Ausbildung. Es ist auch hier das Bild einer weit überwiegenden metasomatischen Vererzung unter allen Begleiterscheinungen der vordringenden Metasomatose in den Wettersteinkalk mit dem Ausgang der Vererzung von einer Scharungszone.

Der ältere Bergbau fand in der mittleren Höhe des Erzberges, in dort ausgebildeten Einfaltungen der Erzzone statt (vgl. Profil Abb. 6 und 7) und erst später wurde der Abbau am Fuße des Erzberges bei der Ortschaft Kreuth in dem steil gegen Süd fallenden Flügel eingerichtet. Auf der Lagerstättenkarte S. 20 wird sofort ein prinzipieller Unterschied zwischen dem Verlauf der Erzsäulen in Kreuth und in Bleiberg sichtbar. Während die Scharungslager in Gestalt der schräg in die Tiefe setzenden Erzsäulen in Bleiberg in südwestlicher Richtung in die Tiefe setzen, sind sie in Kreuth in Südost gerichtet. Man hat diese Erscheinung früher so erklärt, daß die große Querstörung der Rauter Riese, welche an der Grenze beider Reviere gelegen ist, und zu welcher die beiderseitigen Erzsäulen hin (d. h. gegen S) konvergieren, gewissermaßen den Ausgang der Vererzung darstellt. Tatsächlich sind die Querstörungen in 3 bis 5^h sehr wenig vererzt und wo sich in ihnen Erzputzen in eingepreßtem Schiefer zeigen, sind sie unbedeutend und unbauwürdig. Potiorek und viel später mit ihm Brunlechner und Hupfeld waren ferner der Auffassung, daß die gegen SO geneigten steilen Erzsäulen in Kreuth die Scharungszonen des Vererzungshorizontes des oberen Wettersteinkalkes mit in 22^h bis 1^h streichenden Kreuzklüften, welche bald nordöstlich, bald östlich, bald südöstlich fallen, seien. Brunlechner gibt allerdings eine gewisse Einschränkung zu, indem er schreibt: „Während im östlichen Revier von Kreuth, z. B. in Maria-Fürbitt, die nach 2^h bis 3^h streichenden Kreuzklüfte meist Veredelungen in erzführenden Schichtniveaus im Gefolge haben, zeigen sich derart orientierte Klüfte westlich davon, bei Max und bei Antoni, als Erzräuber, wohingegen hier wieder, wie in Bleiberg, die sogenannten Sechser Veredelungen erzeugen."

Das Studium des derzeit in Abbau stehenden großen „Hauptschlag-Unterbau-Zuges" ergab wesentlich andere Verhältnisse. Im westlichen Teil dieses Zuges herrscht, im Gegensatz zu Bleiberg, ein Verflächen der

Schiefer und oberen Wettersteinbänke mit 60° rein in Süd bei einem west-östlichen Streichen. Dieser Erzhorizont wird von gleichgerichteten Ost-West-Klüften durchzogen, welche ebenfalls, aber steiler (80°), in Süd verflächen. In der Scharung beider treten söhlig verlaufende Erzkörper, d. h. flach liegende Erzsäulen auf. Dieses Lagerungssystem mitsamt den Klüften erfährt aber gegen Osten bei der Annäherung an Querstörungen eine Lagenveränderung (vgl. Abb. 12). Die Schichtenfolge biegt nach Süd um, erhält ein südöstliches Streichen mit südwestlichem Einfallen unter gleichzeitiger flexurartiger Abbiegung in die Tiefe. Auf

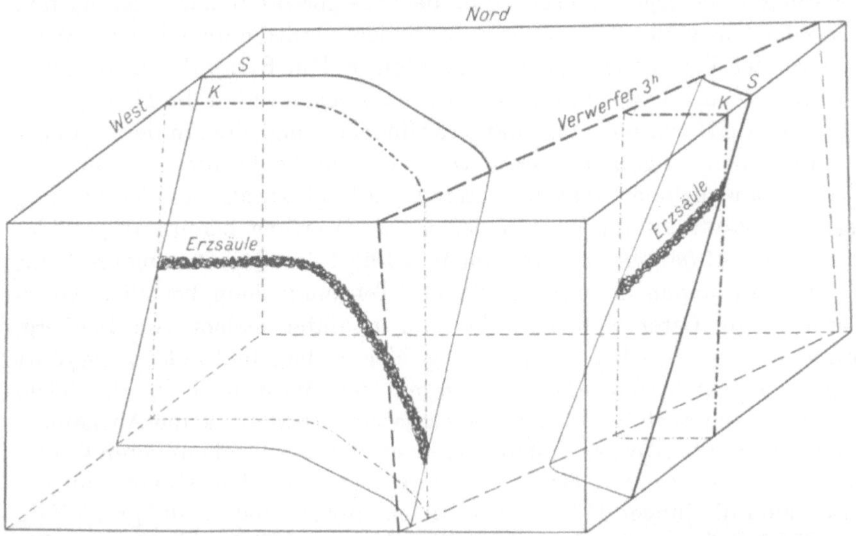

Abb. 12. Das Absetzen der Erzkörper an den SW-NO-Querverwerfern (3 hora). Westlich des Querverwerfers die gegen SO in die Tiefe setzende Erzsäule in Kreuth und östlich des Querverwerfers die gegen SW in die Tiefe setzende Erzsäule von Bleiberg. In beiden Teilen folgt der Erzkörper (die Erzsäule) der Scharung der oberen Wettersteinkalke mit Ost-West-Klüften. Die letzteren sind westlich der Querstörung mit den Wettersteinkalkbänken gegen Süd abwärts gedreht. Die Tektonik ist älter als die Vererzung.

diese Weise gehen die im Westen söhlig gelegenen Scharungslager (Erzsäulen) nach Osten in gegen Südosten schräg in die Tiefe verlaufende Erzsäulen über. In Bleiberg, d. h. östlich der Rauter Riese, ist ein solches Abbiegen des Schichtsystems bisher nirgends beobachtet worden, auch ist dort das Streichen desselben im allgemeinen südöstlich und bleibt der Verlauf der Klüfte auch stets nach 6^{h}. Im Gegensatz zu allen bisherigen Auffassungen befinden sich demnach die Erzkörper auch bei Kreuth ebenso wie bei Bleiberg an Scharungen zwischen dem Horizont der oberen Wettersteinkalke und von Klüften, welche im westöstlichen Streichen aufgerissen sind. Die in südöstlicher Richtung in die Tiefe gehenden Kreuther Erzsäulen haben entgegen den sich nach südwestlicher Richtung in die Tiefe erstreckenden Bleiberger Erzsäulen ihre Lage lediglich durch Abbiegung des gesamten Lagerungs- und Kluftsystems aus ostwestlichem Streichen in ein südöstlich-nordwestliches Streichen erhalten. Wie der Saigerriß beweist, erscheint diese Abbiegung als eine normale Flexur in die Tiefe vor dem Erreichen der Querstörung, welche selbst an ihrem Ostflügel eine bruchförmige Verschiebung dieses Schichtsystems in die Tiefe, und zwar in bedeutendem Ausmaße, verursacht hat. Es entsteht die Frage, ob die Verbiegungen im Kreuther Revier, welche eine so bedeutende Verbiegung auch der Erzsäule aus der söhligen Lagerung in die gegen SO schräg in die Tiefe gerichtete zur Folge hatten, vor oder nach der Vererzung des Revieres stattgefunden hat. Wäre sie nach der Vererzung erfolgt, so müßten in dem Raum der Umbiegung der Erzsäule aus dem söhligen in den schräg gegen SO in die Tiefe gerichteten Verlauf Harnischen und stärkere Unregelmäßigkeiten in der Struktur der Erzsäulen ausgebildet sein. Das ist nicht beobachtet worden. Es ist daher anzunehmen, daß die Vererzung erfolgt ist, als diese Verbiegung des Schichtsystems im Westen der Querverwerfung bereits ausgebildet war. Diese Abwärtsschleppung am Westflügel der Querstörung erscheint als eine Ausnahme im Gesamtbild der Tektonik, denn bei allen Querstörungen im Osten vom Kreuther, im gesamten Gebiet von Bleiberg, erscheint, wie es bei Besprechung der Gebirgstektonik ausgeführt wurde, lediglich der Ostflügel gegen den Westflügel in die Tiefe verworfen und auch an der Rauter Riese besteht hierin keine Ausnahme. Die vorerwähnte Abwärtsschleppung steht aber aus einem anderen Grund im Gegensatze zu den normalen Bewegungen an den Querstörungen, an ihr sind die jungen O-W-Klüfte, welche jünger sind als die große Zahl der SW-NO-Querverwerfer, ebenfalls mit in die Tiefe geschleppt. Die Schleppung muß daher erheblich jünger sein als die Hauptbewegung an den Querverwerfern.

Das von den Vererzungsvorgängen angetroffene tektonische Bild war demnach das folgende:

Zunächst bildete sich gleichzeitig mit der Aufrichtung und teilweisen Faltung des Gebirges die gegen Nord gerichtete, in Süd fallende Bleiberger Überschiebung. Die letztere wurde durch das Gebirge von SW nach NO durchziehende Verwerfer derart in einzelne Stücke zerrissen, daß von den Verwerfern der jeweils im Osten gelegene Flügel in die Tiefe sank. Sodann trat ein System junger O-W-Klüfte auf. Nun wurde im Kreuther Reviere das im Westen der SW—NO gerichteten Querverwerfer (Rauter Riese) gelegene Schichtsystem an diesem Querverwerfer in die Tiefe gepreßt. Sodann spielte sich der komplizierte Vererzungsprozeß ab. Die aus der Tiefe aufsteigenden Wässer stiegen in den jüngsten O-W-Klüften empor, um sich von diesen aus in dem

Niveau der obersten Wettersteinbänke seitlich in diese Kalke zu bewegen. Untergeordnet fanden die Aufstiege auf den Ebenen der SW-NO-Querverwerfer statt. Nach der Vererzung bildete sich das allerjüngste, um die N-S-Richtung schwankende Kluftsystem aus.

Der Grund, weshalb gerade die im tektonischen Bild so ganz untergeordneten O-W-Klüfte den Tiefenwässern den Aufstieg gestatteten, ist wohl einerseits darin zu suchen, daß sie das jüngst gebildete, bei der Vererzung noch offene Kluftsystem waren und anderseits darin, daß dieses Kluftsystem, an welchem keine nennenswerte Gebirgsverschiebung erfolgt ist, keine Ausfüllung von verlagertem Raibler Schiefer zeigt, während die an den SW-NO-Verwerfern stattgehabte bedeutende Gebirgsbewegung eine weite Verschleppung der plastischen Schiefer an den Verwerferflächen zur Folge hatte, welche eine Abdichtung gegen aufsteigende Wässer bewirkten.

Ein altes Problem des Bleiberger Bergbaues stellt die Frage dar, ob die große Bleiberger Überschiebungsfläche vererzt ist und ob von ihr ausgehend metasomatische Erzkörper in den Wettersteinkalk hineinreichen. Die erzbringenden O-W-Klüfte sind nun wohl im Streichen der Bleiberger Überschiebung gleichgerichtet. Die vorstehende Betrachtung hat aber ein sehr verschiedenes Alter beider ergeben. Es ist demnach nicht angängig, aus der Bedeutung, welche die O-W-Klüfte für die Vererzung spielen, auch das gleiche für die Bleiberger Überschiebung zu folgern. Die für den Bergbau so wichtige Frage, ob in der Tiefe an der Bleiberger Überschiebung im oberen Wettersteinkalk Erzlager zu erwarten sind, kann auch heute nicht beantwortet werden. Eine gewisse Wahrscheinlichkeit für eine solche Vererzung kann lediglich aus dem Umstand abgeleitet werden, daß der Leopold-Erbstollen (vgl. S. 20 in Schicht 5) bei dem Überfahren der Bleiberger Überschiebung erzführende Kalke angetroffen hat, welche nicht dem normalen Erzniveau angehören.

Der innere Aufbau der Erzkörper des Bleiberg-Kreuther Revieres zeigt fast zur Gänze das Bild einer metasomatischen Vererzung, das Bild der Verdrängung des Wettersteinkalkes durch im Zuge der Vererzung neugebildete Mineralien, nämlich der Erze und ihrer Begleiter. Auf den Flächen der O-W-Klüfte und auf den Schichtfugen der Wettersteinkalkbänke sind wohl die ersten Ausscheidungen als Gangbildungen anzusehen, alsbald drang der Vererzungsvorgang von ihnen aus in den Wettersteinkalk selbst ein. Dementsprechend erscheint die Vererzung in folgenden, voneinander recht verschiedenen Bildern:

1. Reine Kluftausfüllungen in feinen Haarspalten des Kalkes am äußeren Saume der Erzkörper.

2. Erzbreccien, welche besonders in der reinen Bleiglanzvererzung sehr verbreitet sind. Bei Betrachtung dieser Wettersteinkalkbreccien,

welche durch ein Bleiglanzcalcitzement verkittet sind und bei welchen der Bleiglanz häufig räumlich weitaus überwiegt, könnte man zunächst im Zweifel sein, ob die Räume zwischen den Wettersteinkalkbrocken von der Vererzung bereits angetroffen wurden oder ob die Räume im Zuge der Vererzung ausgelöst worden sind. Die in den Bleiberger Ortsbildern leicht zu machenden Feststellungen, daß alle Übergänge von feinsten Kluftausfüllungen bis zu groben Breccien im Erzköper vorhanden sind, läßt erkennen, daß die Auslösung der Hohlräume durch die allmähliche Erweiterung der vorbestandenen feinsten Klüfte im Gestein infolge allmählicher metasomatischer Ausbreitung des Bleiglanzes in den Kalk im Zuge der Vererzung erfolgt ist. Allerdings finden wir in den Bleiberger Strecken nicht selten auch unvererzte, brecciös zerfallene Kalksteinpartien, bei denen das Zement durch grobspätigen Calcit gebildet wird. Diese Breccien treten randlich außerhalb der Erzkörper auf und zeigen dem Bergmann erfahrungsgemäß die eingetretene Vertaubung an. An eine nachträgliche Fortführung des Erzes kann bei ihnen nicht gedacht werden, da der Calcit weit löslicher als die Sulfide, Fluoride oder gar als der Baryt des Erzkörpers ist. Wie später gezeigt wird, dürfte die Entstehung dieser Kalksteinbreccien als letzte Phase beim Abschluß des Vererzungsprozesses entstanden sein.

3. Schichtungsmetamorphose: Ein anderes Bild bieten ausgezeichnet regelmäßig geschichtete Erzausscheidungen, welche sich besonders an der äußeren Peripherie der Erzkörper vorfinden. Entweder ist die äußere Grenze der letzteren von feinst geschichteten, dunkelgrau erscheinenden Säumen eingefaßt, welche mit der Lupe die feinste Wechsellagerung von lichten und dunkel gefärbten Schichten erkennen läßt, oder es treten vielfach geschichtete Flußspatbildungen oder schließlich ebenso struierte Blendebänder im Kalk oder häufiger im Flußspat oder Baryt auf. In bestimmten Grubenteilen von Kreuth bilden diese Bildungen eine verbreitete Erscheinung. Diese Bildungen sind nur an Hand der einzelnen Erzstufen zu verstehen, welche im nächsten Abschnitt betrachtet werden. Pošepny[1] und Hupfeld haben diese Bildungen noch als Gangstücke angesprochen. Nachdem Liesegang zuerst auf die Ausbildung geschichteter Mineralbildungen in einem primären Gestein von anscheinend gleichmäßiger Struktur als Resultat von Diffusionen hingewiesen hat, ist es neuerdings Stirnemann gelungen, auch experimental nachzuweisen, daß derartige Bildungen durch seitliche Durchdringung und Metasomatose eines anscheinend homogenen Gesteins durch mineralisierende Lösungen entstehen können. Für dieses Bild der metasomatischen Verdrängung, welches nicht nur in Bleiberg-Kreuth,

---

[1] Pošepny bezeichnete sie 1893 auch als „Hohlraumausfüllungen" von nicht metasomatischer Bildung. Carinthia II. S. 122. 1893.

sondern auch in dem gesamten Erzzug der Nordkarawanken, der Gailtaler und Karnischen Alpen so verbreitet ist, erscheint mir die Bezeichnung der „Schichtungsmetasomatose" die geeignetste. Es sei bemerkt, daß die metasomatische Schichtung durchaus nicht die Abbildung einer im Wettersteinkalk sedimentär vorgezeichneten Schichtung sein kann, da sie unabhängig von der Lagerung der stratigraphischen Schichtung des Wettersteinkalkes und stets parallel der äußeren Begrenzung der Erzkörper gerichtet ist. Das Merkmal der Ausbildung von Erzkörpern in Schichtungsmetamorphose ist, daß die übereinander gelagerten Schichtungen der einzelnen Mineralien keineswegs eine zeitliche Reihenfolge in der Bildung dieser Mineralien, etwa so wie bei symmetrisch vererzten Gangbildungen, darstellen.

4. Imprägnationen: Imprägnationen in strengem Sinne konnte ich in der oder außerhalb der Lagerstätte nicht beobachten. In unverändertem Wettersteinkalk sind nach meinen Beobachtungen keine Erze eingesprengt. Falls Züge von Blendekristallen oder häufiger Bleiglanzpartien isoliert auftreten, so ist die Umgebung derselben stets in dem Umfang in Calcit oder in Flußspat umgewandelt, daß man die Befunde, sobald man unter der Erzlagerstätte nicht nur die Erze, sondern auch die Begleitmineralien versteht, stets mit dem Erzkörper in direkte Verbindung bringen kann. In diesem Sinne findet sich der Flußspat fast stets mit schütteren bis dichten Blendekristallen imprägniert und Einsprengungen von Bleiglanz in Calcitbildungen oder in bereits in der Umkristallisation befindlichen Wettersteinkalk oder Einsprengungen von Blende in Baryt sind nicht selten.

5. Markasitanreicherungen: In kalkig bituminösen Linsen oder Schichten von schnell wechselnder Mächtigkeit findet sich fast stets mehr oder weniger Markasit, hie und da in querstrahligen Zügen, aber auch in einzelnen Aggregaten. Sein Vorkommen ist anscheinend auf den äußeren Teil der Erzkörper, und zwar hinter Zonen, in denen Flußspat und Baryt mit Blende auftritt, beschränkt.

6. Nester von Wulfenit: Auch diese sind nach der später ausgeführten Auffassung Bildungen, welche mit der primären Ausscheidung der Erzlagerstättenmineralien zusammenhängen. In Bleiberg-Kreuth findet sich der Wulfenit stets in Klüften oder Hohlräumen des Wettersteinkalkes als Mineralaggregate, welche eine lockere Ausfüllung dieser Hohlräume bilden.

7. Nester von Anhydrit: Lokal finden sich in den Erzkörpern von Kreuth nach einem eingetretenen Zerfall der Erzlagerstätte als einer der allerjüngsten Bildungen der Lagerstätte Hohlraumausfüllungen von Anhydrit und gleichzeitig gebildetem Pyrit und jüngstem Flußspat.

Die Besprechung der sekundär, und zwar nach der Bildung der Erzlagerstätte gebildeten Mineralien, wie Brauneisenstein, Cerrussit,

Anglesit, Plumbocalcit, Galmei, Hydrozinkit, Greenokit, fällt aus dem Bereich der Genesis der Lagerstätte selbst heraus. Hupfeld, Makuc und Brunlechner haben über sie alles Wissenswerte mitgeteilt.

b) Die Genesis der Erzlagerstätte

Auffassungen älterer Autoren

Mit der Entstehung der Bleiberg-Kreuther Lagerstätte haben sich erfahreneErzlagerstättenforscher, wie v. Cotta und Pošepny befaßt. Ferner haben Makuc, Hupfeld und Brunlechner Beobachtungen über das Auftreten der in den Erzkörpern auftretenden Mineralien zusammengetragen und aus ihnen die Sukzession abzuleiten versucht. Es ist von jeher die gangförmige oder lagerförmige Ausbildung der Lagerstätte umstritten worden, und trotzdem bereits v. Cotta im Jahre 1863 die Einführung der in der Lagerstätte auftretenden Mineralien auf aus der Tiefe aufdringende Mineralwässer als Mineralisatoren zurückgeführt hatte, sind Makuc und zuletzt Brunlechner sehr ausführlich wiederum auf die Lateralsekretion zurückgekommen. Der letztere nimmt für alle Mineralbestandteile der Lagerstätte an, daß sie ursprünglich in feinster Verteilung mit den Triassedimenten sedimentiert worden sind und durch spätere Umlagerung aus der mächtigen Folge der älteren Sedimente in den oberen Bänken der Wettersteinkalke konzentriert wurden.

Übereinstimmend ist der im Hangenden der oberen Wettersteinkalkbänke auftretende Schiefer für die Ausbildung der Erzkörper in den oberen Wettersteinkalkbänken verantwortlich gemacht worden. Die Abdichtung dieser Schiefer vor dem weiteren Aufstieg der mineralisierenden Tiefwässer und das damit in den Wässern aufgetretene Temperaturgefälle müssen mit den katalytischen Wirkungen des Schiefers als solche die Ausscheidung der Mineralien des Erzkörpers bewirkt haben.

Das richtige Verständnis der Ausbildungsform der Erzkörper konnte erst gewonnen werden, nachdem Pošepny das Wesen der Verdrängungsvererzung, der Metasomatose, erkannt hatte. Es wurde bereits erwähnt, daß die reine gangförmige Vererzung in Bleiberg-Kreuth ganz zurücktritt und auch dann, wenn der erste Absatz in Klüften erfolgt ist, die metasomatische Ausbreitung der Vererzung von den Salbändern der Klüfte oder von den Schichtfugen der Kalke in die Kalkbänke selbst alsbald erfolgt ist.

Die gangförmige und die metasomatische Vererzung unterscheiden sich in dem Aufbau und in der Gestalt des Erzkörpers dadurch, daß die erstere an scharfen Salbändern gegen den Kalk abschneidet und bei größeren offenen Klüften auch eine symmetrisch angeordnete Folge der abgesetzten Mineralien erkennen läßt. Die metasomatische Vererzung zeigt keine ebenen oder auch nur scharf abgebildeten Salbänder, sie zeigt ferner keinen symmetrischen Aufbau in der Folge der gebildeten Mineralien.

Die Erkenntnis der metasomatischen Vererzung und den Begriff der Metasomatose hat Pošepný geradezu auf die Beobachtungen in den Blei- und Zinkerzlagerstätten von Bleiberg und von Raibl aufgebaut und dies im Jahre 1870[1] zuerst dargelegt. Bezüglich Raibl führt er folgendes aus: „Wenn die oft ganz lose anhängende Erzmasse von der Gesteinswand abgelöst wird, zeigen sich daran unzählige napfförmige Exkavationen, deren Konvexität gegen das Gestein gerichtet ist, und deren zusammenstoßende Kanten eine polygonale Zeichnung hervorbringen. Es dürfte wohl keinem Zweifel unterliegen, daß dies die Wirkung von korrosiven Flüssigkeiten auf das lösliche Gestein repräsentiert, da aber die einzelnen Galmeischalen parallel zur Gesteinswand verlaufen, so läßt sich mit derselben Wahrscheinlichkeit folgern, daß hier in innigster Verbindung mit der Korrosion die Substituierung des Kalkkarbonats durch das Zinkkarbonat erfolgte ..... Auf Grund dieser Beobachtungen ließen sich nun auch größere Komplikationen erklären, so die Abzweigung der Galmeimassen weit von der Hauptkluft weg, das Erscheinen von scheinbar isolierten Galmeinestern mitten im Nebengestein, das Erscheinen von ringsum korrodierten Nebengesteinsfragmenten verschiedener Größe und andere Erscheinungen, welche sich bei Erzlagerstätten, die durch sukzessive Ausfüllung präexistierender Hohlräume entstanden sind, nicht finden."

Pošepný hat sodann in einem auf dem Allgemeinen Bergmannstag zu Klagenfurt im Jahre 1893 gehaltenen Vortrag[2] speziell die Lagerstätte Bleiberg-Kreuth behandelt und spricht von einer Vererzung von Gangräumen mit Krustung und von metasomatischer Verdrängung des Kalkes durch Erzausscheidung. Was Pošepný in diesem Sinn allerdings für Krusten in Gangräumen angesehen hat, kann heute nicht mehr als solche angesehen werden. Die in Bleiberg und Kreuth so verbreiteten Erzstufen aus dem äußeren Rand der Erzsäulen mit sehr auffallender Schichtung der einzelnen ausgeschiedenen Mineralien in der vorher erwähnten Ausbildung der Schichtungsmetasomatose werden zu unrecht als Gangstufen bezeichnet. Sie stellen wiederum nur eine Erscheinungsform der Metasomatose dar. Liesegang hat zuerst auf das Entstehen geschichteter metasomatischer Bildungen durch seitliche Diffusion der Mineralisatoren in das angetroffene Gestein hingewiesen und neuerdings ist es Stirne-

[1] Zur Genesis der Galmeilagerstätten. Verh. d. k. k. geol. R. A., S. 247ff. 1870.

[2] Bericht über diesen Vortrag in Zeitschr. f. prakt. Geologie, I, S. 398. 1893. Ferner Pošepný über die Entstehung der Blei- und Zinklagerstätten usw. Berg- u. hüttenm. Jahrb., S. 77ff. 1894.

mann durch Laboratoriumsversuche gelungen, den tatsächlichen Nachweis zu erbringen, daß eine Durchdringung eines Gesteins durch chemische Agentien geschichtete Erzkörper hervorbringen kann.

Die Sukzession und der Chemismus der Bleiberg-Kreuther Lagerstätte beschäftigten zuerst Makuc[1] im Jahre 1883. Er äußerte die Ansicht, daß Schwefelwasserstoff, welchen der Schiefer exhalierte, den Niederschlag des Blei- und Zinkerzes aus löslichen Blei- und Zinkverbindungen der aufsteigenden Mineralwässer bewirkt habe. Er erkannte ferner, daß der Galmei im östlichen Teil von Kreuth aus Blende unter Einwirkung der Atmosphärilien entstanden ist, ebenso Cerrussit aus Bleiglanz. Der Kalk aus dem brecciösen Wettersteinkalk sei unter der Einwirkung von Sulfatwässern als Gips fortgeführt worden. Hupfeld hat im Jahre 1897[2] eine systematische Gliederung der hauptsächlichsten in Bleiberg-Kreuth auftretenden Mineralien in primäre und sekundäre durchgeführt. Das folgende, nach Hupfeld zusammengestellte Schema veranschaulicht diese Gliederung und enthält zugleich eine Aufzählung aller wichtigen Mineralien des Erzrevieres.

primär		sekundär
Bleiglanz, silberfrei, As nachweisbar	—	Weißbleierz, Plumbocalcit, Gelbbleierz (Wulfenit)
Zinkblende	—	Zinkspat, Kieselzinkerz, Zinkblüte
Markasit Pyrit	>	Brauneisenstein
Schwerspat	—	
Flußspat	—	
Calcit	—	

Nicht folgen können wir aber der Ansicht Hupfelds, daß der in der Lagerstätte auftretende Anhydrit als sekundäres Mineral aufzufassen ist. Er entstand durch Zufuhr von SO_2 in die Lagerstätte und ist wie gleichzeitig gebildeter Flußspat und Pyrit primär. Hupfeld war es noch unmöglich, „einem der primären Mineralien eine durchwegs frühere Bildung als den anderen zuzuschreiben".

Den ersten Versuch, die Sukzession der primär in der Bleiberg-Kreuther Lagerstätte auftretenden Mineralien festzustellen, machte Brunlechner[3] kurze Zeit nach Hupfeld. Von ihm sind eine große Anzahl von Beobachtungen zusammengetragen worden, daß er aber zu keiner zutreffenden Anschauung über die Genesis der Lagerstätte

[1] Orientierender Vortrag über Bleiberg. Österr. Zeitschr. f. Berg- u. Hüttenwesen, S. 87. 1883.

[2] Zitat auf S. 16. Zeitschr. für prakt. Geologle 1897. S. 243.

[3] Die Entstehung und Bildungsfolge der Bleiberger Erze und ihrer Begleiter. Jahrb. d. naturhist. Landesmuseums von Kärnten, S. 61. 1899.

gelangen konnte, hat einerseits darin seinen Grund, daß er neben der von ihm beschriebenen Neubildung der Mineralien die Resorption früher vorhandener Mineralien vernachlässigte, so daß nach ihm alle Mineralien, in ihrer in der Lagerstätte auftretenden chemischen Gestalt bereits in der wäßrigen Lösung, welche sie der Lagerstätte zuführte, vorhanden waren, und daß er, veranlaßt durch Höfer, den Aufbau der Lagerstätte und jedes einzelnen Bestandteiles derselben auf Lateralsekretion zurückführte, d. h. jedes Mineral als Konzentrat bereits ursprünglich im Gestein vorhandener Stoffe ansah. Die Untersuchung Brunlechners beweist, daß selbst bei der gründlichsten Beobachtungsweise, die Rätsel einer Minerallagerstätte ohne mikroskopisches Studium nicht zu lösen sind.

Brunlechner trennt zwar zwei Generationen von Mineralabsätzen, von denen die zweite als Folge einer partiellen Umlagerung der erstgebildeten nur lokal auftritt. Die von ihm unterschiedenen beiden Generationen konnten aber durch die vorliegende Untersuchung nicht bestätigt werden, denn über der Erzausbildung der ersten Generation folgten nach Brunlechner: Baryt, Markasit, Calcit und Fluorit, in der zweiten sollen Dolomit und Anhydrit die Folge schließen. In der ersten Generation überwiegt der Bleiglanz, in der zweiten die Blende. In der Bildungsreihe soll Bleiglanz als Zwischenglied in Blende erscheinen, deren Ausscheidung die Präzipitation des Bleiglanzes zeitlich überragt. Diese mit den nachstehenden Untersuchungsresultaten völlig im Widerspruch stehenden Beobachtungen Brunlechners haben in der unzureichenden Auffassung von der Bildungsweise der Mineralien, in der unrichtigen Auffassung besonders der geschichteten metasomatischen Erzstufen und in der Vernachlässigung der Resorptions- und der in mikroskopischen Schliffen sichtbaren Abbildung der kristallinen (idiomorphen) und der resorbierten (allotriomorphen) Grenzen der verschiedenen Mineralien gegeneinander ihren Grund. Im einzelnen ist es nicht möglich, die Beobachtungen Brunlechners nachzuprüfen und richtigzustellen, weil er die Stufen, an denen er seine Sukzessionen beobachtet hat, weder beschrieben noch auch abgebildet hat.

Das eine nur kann aus der Untersuchung Brunlechners entnommen werden, daß die Vorgänge, welche zu der Entstehung der Bleiberger Erzkörper geführt haben, auch nach ihm äußerst komplizierte gewesen sein müssen.

Die nachfolgende mikroskopische Untersuchung von Erzstufen, von denen die wichtigsten in ihrem Verhältnis zum ursprünglichen Ausgangspunkt der Vererzung auf Klüften bekannt sind, erfolgte zum Teil im auffallenden Licht an angeschliffenen und polierten großen Flächen nach der Methode Schneiderhöhn, zum Teil an Dünnschliffen in durchfallendem Licht unter dem Polarisationsmikroskop. Die Verhältnisse in größeren Zügen können natürlich nur an großen Flächen verfolgt werden, wozu sich die Beobachtung im auffallenden Licht als vorzüglich geeignet erwies. Auch durch diese Beobachtung konnten bei stärkerer Vergrößerung eine Anzahl von Feinstrukturen erkannt werden, welche die vorzügliche Schneiderhöhnsche Methode der Erzforschung dartat. Jedoch erwies es sich besonders wegen der großen Bedeutung, welche neben den Erzen die mit ihnen zusammen vorkommenden lichten tauben Mineralien, wie Flußspat, Baryt und Karbonate besitzen, als erforderlich, diese Feinstrukturen sodann in Dünnschliff weiter aufzuklären.

Die Wertigkeit der einzelnen zahlreichen Erzsäulen des Erzrevieres und die verschiedenen Teile einer und derselben Erzsäule erweisen sich für die Durchführung der Untersuchung als sehr wechselnd. Die für die Lösung des Problemes geeignetsten Teile der Erzlagerstätte sind jene, in denen möglichst alle vorkommenden Mineralien und diese auf möglichst beschränktem Raum, d. h. auf einer und derselben Erzstufe auftreten. Das ist vor allem in bestimmten Teilen des derzeit im Abbau stehenden „Hauptschlag-Unterbau-Zuges" in Kreuth der Fall.

Zunächst werden die Beobachtungen an einzelnen, im obigen Sinne besonders geeigneten größeren Erzstufen vorgenommen sodann erstreckt sich die Untersuchung auf die mikroskopische Feinstruktur bestimmter wesentlicher Teile dieser Stufen und sodann auf eine große Anzahl anderer Erzstufen. Neu erkannt wurde im Laufe der Untersuchung der Vorgang einer späteren Überdeckung der Bleiglanzlagerstätte durch eine jüngere Zinkblendevererzung, welche von einer ausgiebigen Bildung von Flußspat und Baryt begleitet wird. Als letzter Vorgang erfolgte eine lokal beschränkte Zerreißung der Bleiglanz-Blende-Lagerstätte infolge ausgedehnter Resorptionen unter örtlich bedeutender Ausfüllung der Hohlräume durch blauen Anhydrit.

Während sich die erste Bleiglanzvererzung anscheinend im ganzen Bleiberg-Kreuther Revier annähernd gleichartig und wohl auch gleichzeitig vollzog, geschah die Überdeckung dieser Lagerstätte durch die spätere Blendevererzung im westlichen Teil der Lagerstätte, im Kreuther Revier, und im äußersten westlich anschließenden Revier des Fuggertales viel ausgiebiger als in Bleiberg. Trotz der zahlreichen Aufschlüsse, welche bis zu großer Tiefe unter dem Talboden vorliegen (vgl. S. 22), haben sich bisher Unterschiede im Verhältnis zwischen Blei- und Zinkerze nach der Teufenstufe nicht feststellen lassen, solche bestehen nur regional, d. h. zwischen dem Bleiberger und Kreuther Revier.

Die Untersuchung behandelt daher die folgenden Vorgänge, welche sich bei der Vererzung des Bleiberg-Kreuther Revieres zeitlich nacheinander abgespielt haben.

1. Bleiglanzvererzung unter Bildung von Calcit und Baryt im Wettersteinkalk.

2. Überdeckung der Bleiglanzlagerstätte durch die Bildung von Zinkblende, Flußspat und Baryt.
3. Zinkblendevererzung am Wettersteinkalk.
4. Infiltration der Lagerstätte unter Bildung von Anhydrit.

1. Die Bleiglanzvererzung im Wettersteinkalk

Diese erste Phase der Vererzung des Bleiberg-Kreuther-Revieres vollzog sich teilweise auf Klüften und teilweise in Form der reinen Metasomatose im Wettersteinkalk. Die Form der Metasomatose kann je nach dem vorgeschrittenen Stadium derselben ein zweifaches Bild darstellen, entweder erscheint der Bleiglanz, und das ist meist der Fall, als Zement in einer Wettersteinkalkbreccie oder wir sehen ihn in Form einer in den Kalk regional vorrückenden Schicht, welche dann meist die Gestalt von Halbkugelflächen aufweist. Das erste Bild der Wetterstein - Bleiglanz-Breccie zeigt in Bleiglanz eingeschlossene scharfkantige Wettersteinkalkstücke in scharfer Abgrenzung gegen den Bleiglanz; in vielen Fällen sind diese Wettersteinkalkstücke in ihrer äußeren Zone in grob kristallinen farblosen Calcit umgewandelt, in anderen Fällen ist die kristalline Umwandlung geringer, es erscheint der Kalk noch in seiner gelblichgrauen Färbung und anscheinend dichten Struktur, bei der Betrachtung u. d. M. stellt er sich aber schon als stark kristallin umgelagert dar. Diese Bildung von Calcit aus dem Wettersteinkalk und der Übergang zur kristallinen Beschaffenheit des Wettersteinkalkes stellen die ersten Erscheinungen des metasomatischen Prozesses bei der Bleiglanzvererzung dar.

Abb. 13. Die Klüfte des lichten Wettersteinkalkes sind mit wenig dichtem Bleiglanz ausgefüllt. Kluftvererzung

Die Regel ist bei vorgeschrittener Metasomatose, daß der Bleiglanz vom normalen Wettersteinkalk sowohl in der Breccie als auch bei der regional vordringenden Metasomatose durch eine Zone schneeweißen Calcits getrennt ist. In seltenen Fällen tritt in dieser Calcitzone, teilweise aber auch gleichzeitig mit Bleiglanz gebildet, d. h. auf Bleiglanz aufsitzend und wiederum von Bleiglanz überdeckt Baryt auf, welcher dann stets flache tafelförmige Kristalle zeigt, welche auch zu blumenkohlähnlichen kugelförmigen Gebilden zusammentreten können, falls der Absatz in offenen Spalten vor sich ging. Es ist das die eigenartige, für Bleiberg charakteristische Kristallform des älteren Baryt, welche in früheren Jahrzehnten in viele Sammlungen gekommen ist, heute aber nicht mehr angetroffen wird. Die Barytbildung ist überhaupt in dieser ersten Phase der Vererzung ganz untergeordnet und nur sehr selten in Bleiberg angetroffen worden, im Gegensatz zu der allgemein im Reviere verbreiteten späteren Barytbildung während der Blendevererzung. Es kommt ebenso selten vor, daß der bei der Bleiglanzvererzung am Wettersteinkalk in der Regel gebildete Calcit in lichtbraunen Breunerit übergeht. Die Bildung anderer Mineralien ist im Laufe dieser ersten Phase des Erzabsatzes, welche zugleich die quantitativ ausgiebigste gewesen ist, nicht beobachtet worden.

Wegen der späteren, über das ganze Revier verbreiteten, aber in ihrem Ausmaß und in der Bildung von begleitendem Flußspat und Baryt sehr wechselnden Blendevererzung sind reine Bleiglanzstufen in Bleiberg nur im östlichen Revier häufiger anzutreffen, sonst nicht gar so häufig.

Die Ausfüllung von feinen Klüften im Wettersteinkalk durch Bleiglanz ist bereits von Hupfeld[1] abgebildet worden, in diesem Ortsbild ist bereits eine über die ursprünglichen scharf geradlinig verlaufenden Kluftgrenzen hinaus in der Wettersteinkalk erfolgte metasomatische Ausbreitung des Bleiglanzes erkennbar. Die sehr unregelmäßig verlaufende Grenze zwischen dem Erz und dem Kalk wird durch ein Hineinwachsen von Bleiglanz über die Kluft hinaus in den Kalk verursacht. Das auf gleicher Seite von Hupfeld in Abb. 76 wiedergegebene Ortsbild gehört ebenfalls dieser Phase der Vererzung an, bei ihm ist ausnahmsweise unter wesentlicher Verbreiterung der Klüfte und fortschreitender Verdrängung des Wettersteinkalkes inmitten des Bleiglanzes auch Baryt ausgeschieden. Da der Baryt auf beiden Seiten von Bleiglanzbändern eingefaßt ist, und die Ausspitzungen der Klüfte als jüngere Ausbreitung erscheint, dürfte in diesem Falle der Absatz des Baryts demjenigen des Bleiglanzes vorangegangen sein.

Es lassen sich alle Übergänge zwischen dem Stadium der Kluftausfüllung durch Bleiglanz und demjenigen der Bleiglanzbreccie beobachten. Daraus ergibt sich, daß diese Breccien durch vorgeschrittene Erweiterung der ursprünglichen Klüfte infolge metasomatischer Einwanderung des Erzes in den Wettersteinkalk erfolgt ist. Das bedeutet, daß die mineralisierenden Tiefenwässer bei ihrem Aufstieg nicht schon eine Breccie vorfanden, sondern daß die letztere das Resultat des Ver-

[1] Zeitschr. f. prakt. Geologie, S. 245, Abb. 75. 1897.

erzungsprozesses darstellt. In vielen Sammlungen sind Bleiglanzstufen von Bleiberg vorhanden, welche meist große aufgewachsene Oktaeder zeigen; solche Stücke, welche im Bergbau selten angetroffen sind, entstammen größeren Klüften, welche auch durch die Vererzungsvorgänge nicht völlig mit neu gebildeten Mineralien ausgefüllt worden sind. Die im nächsten Abschnitt behandelten Erscheinungen der späteren Überdeckung der primären Bleiglanz-Calcit-Vererzung durch die Blende-Flußspat-Baryt-Vererzung lassen ferner erkennen, daß derartige auch nach der Bleiglanzvererzung noch offenen Klüfte vor dieser Überdeckung durch die sekundäre Blendevererzung in größerer Verbreitung nicht mehr vorhanden waren, ebensowenig wie dies heute der Fall ist.

Abb. 14. Stufe einer Bleiglanzbreccie, ausgeschliffen. Die lichten Bruchstücke von lichtem bis gelblichem Wettersteinkalk sind durch ein dichtes Bleiglanzzement verkittet. Im oberen Drittel ein großes Wettersteinbruchstück, dessen Kalk zum größten Teil durch die spätere Blende-Flußspat-Vererzung metasomatisch verdrängt erscheint; der gleiche Vorgang ist in geringerem Ausmaß bei anderen Kalksteinstücken, in der Mitte und im unteren Drittel wahrnehmbar (vgl. Abbildung).

Nat. Größe

Von besonderem Interesse ist es, daß der bei der Bleiglanzbildung durch Umlagerung des Wettersteinkalkes neu gebildete schneeweiße Calcit mit Vorliebe in der Skalenoederform erscheint. Die hohen spitzen Skalenoeder ragen sodann in die über ihnen befindliche Bleiglanzzone hinein, man erkennt deutlich, daß sie in ihrer Ausbildung bereits vorhanden gewesen sein müssen, als der Absatz des Erzes begonnen hat. Dementsprechend stellt sich der Vorgang dieser ersten Vererzung des Bleiberg-Kreuther Revieres so dar, daß zunächst auf den größeren Spaltenzügen eine kristalline Umgestaltung des Wettersteinkalkes erfolgt ist, indem sich auf diesen offenen Spalten des Wettersteinkalkes ein Überzug von Calcitsklenoedern bildete, dann erfolgte über diesen Überzug der Absatz des Bleiglanzes, dieser wurde aber auch in feinsten Haarspalten abgesetzt, von denen aus die Umkristallisation des Wettersteinkalkes erst eben begonnen hatte. Nunmehr setzte die metasomatische Vererzung von den Spalten und Klüften in das Innere des Wettersteinkalkes ein, und zwar wiederum in der Weise, daß zunächst die kristalline Umwandlung des Kalkes weiter vordrang und dieser dann die weitere Bildung von Bleiglanz folgte. Demnach erfolgte die metasomatische Umsetzung des dichten Wettersteinkalkes in Bleiglanz nicht direkt, sondern als Zwischenglied die mehr oder minder vorgeschrittene Bildung von Calcit. Es wurde lediglich der letztere metasomatisch in Bleiglanz umgesetzt. Lokal wurde metasomatische Verdrängung durch Bleiglanz von der Bildung von tafelförmigem Baryt begleitet.

In einem Fall konnte ferner auch der Absatz von deutlich strahligem Markasit an der Grenze zwischen wenig kristallinem Wettersteinkalk und der Calcitregion beobachtet werden. Dieser in Bleiberg seltene Befund zeigt ebenso wie die vorerwähnte seltene Bildung von Breunerit in der Calcitregion an, daß beim Beginn der Vererzung lokal auch Eisenverbindungen, welche lediglich wieder in der allerletzten Phase der Gesamtvererzung eine Rolle gespielt haben, entstanden sind. Vielleicht können wir in der Bildung von Markasit ein Anzeichen dafür erblicken, daß die gesamte Bleiglanzvererzung unter der Beteiligung von H_2S erfolgt ist. Das Blei ist vielleicht in der löslichen Verbindung $PbCl_3H$ in die Lagerstätte gelangt, mit H_2S hat sich sodann die folgende Umsetzung bei der Bildung des Bleiglanzes vollzogen.

$$PbCl_3H + H_2S = PbS + 3\,HCl.$$

Die freiwerdende Salzsäure ist durch benachbarte Teile des Wettersteinkalkes diffundiert und hat so der weiteren Metasomatose Raum geschaffen. Das bei der Lösung des Wettersteinkalkes frei gewordene CO_2 hat wiederum tiefer liegende Teile des Wettersteinkalkes als Bikarbonat zur Lösung und Umkristallisation gebracht.

$$CaCO_3 + 2\,HCl = CaCl_2 + H_2O + CO_2.$$

Ich schreibe diesen durch die Bleiglanzvererzung ausgelösten Umsetzungen des Nachbargesteins die Einleitung der Vorbedingungen für die nun folgenden Phasen der Blendevererzung zu und denke in erster Linie daran, daß sie es waren, welche die nunmehr zu größerer Verbreitung gelangten Schichtungsmetasomatosen durch ihre Diffusionen in den Wettersteinkalk eingeleitet haben.

Was den Vorgang der Bleiglanzbildung anbetrifft, so erfolgt er durch die von mehreren Autoren hervorgehobene ausfällende Wirkung von kristallinem Karbonat auf Schwermetallösungen. Es wurde die einfachste lösliche Verbindung des Bleies in wenig temperiertem wäßrigem Lösungsmittel, das $PbClH_3$, lediglich theoretisch als Ausgangsverbindung angenommen.

2. Überdeckung der Bleiglanzlagerstätte durch die Zinkblende-Flußspat- und Zinkblende-Baryt-Vererzung

Die Untersuchung von Erzstufen von Kreuth, vor allem solcher aus den tieferen Strecken des derzeit im Verhau stehenden „Hauptschlag-Unterbau-Zuges", ergab die klarsten Bilder von einer nachträglichen Resorption von Bleiglanz und Calcit unter Neubildung von Flußspat, Baryt und Zinkblende bzw. Schalenblende. Da dieser Vorgang eine neue Phase in der Bildung der Gesamtlagerstätte bei Bildung einer völlig neuen Paragenese darstellt, bei welcher die Bildung einer Bleiglanz-Calcit-Erzlagerstätte vorangegangen und beendet sein mußte, als die Entstehung einer Zinkblende-Flußspat-Baryt-Erzlagerstätte einsetzte, so erscheint mir der in der Überschrift gewählte Titel einer Überdeckung der ersteren durch die zweite als zutreffendster Ausdruck.

Betrachten wir die schönen metasomatisch geschichteten Erzstufen von Kreuth, in denen sowohl primärer Bleiglanz und Calcit als auch Blende, Flußspat und Baryt auftritt, so können prächtige Resorptionserscheinungen an den beiden erstgenannten Mineralien erkannt werden. Es erscheinen sehr verbreitet zerfranste, allotriomorph begrenzte Calcitaggregate, in deren einspringende Räume idiomorph begrenzte Kristalle von Flußspat, sehr selten auch Blende eingedrungen sind, während der Baryt in bestimmten, scharf begrenzten Schichten ausgebildet ist und lediglich verschleppte körnige Reste von Bleiglanz einschließt. Es gilt die Regel, daß die Calcitreste der primären Bleiglanzlagerstätte von Flußspatkristallen umgeben erscheinen und vom Flußspat aufgefressen erscheinen, d. h. daß sich bei der Einlösung des primären Calcits Flußspat gebildet hat, während der Bleiglanz durch Zinkblende ersetzt worden ist (vgl. Abb. 22 und 24). In Baryt eingeschlossene, im allgemeinen nicht mehr kristallin umgrenzte Bleiglanzreste erscheinen im Baryt neutral. Analoge, jedoch in ihrer Erscheinung außerordentlich wechselnde Verhältnisse ließen sehr zahlreiche Erzstufen von Bleiberg erkennen. Wir gehen von der Betrachtung jener Erzstufen aus, welche die größte Anzahl von Vererzungsmineralien aufweisen und die Vorgänge, welche sich bei der Vererzung abgespielt haben daher am vollständigsten erkennen lassen, sodann werden Spezialerscheinungen betrachtet werden.

Die Abb. 15 zeigt im auffallenden Licht die folgende Verteilung der Mineralien, welche in der Ausbildung der Schichtungsmetasomatose keineswegs in ihrer räumlichen Folge auch genau die zeitliche Folge darstellen:

Bleiglanz-Calcit-Vererzung

a) Basis grobspatiger primärer Calcit in größeren Skalenoederkristallen.

b) Aufsitzender Bleiglanz.

Blende-Flußspat-Vererzung

c) Licht- und dunkelgrauer Flußspat mit eingestreuten kleinen, unregelmäßig begrenzten Bleiglanzresten in ausgesprochen schichtiger Anordnung.

d) Graugelbe, geschichtete Region von Blende, welche teilweise dem Flußspat (c), teilweise dem Bleiglanz (b) aufsitzt und in ihrem Inneren ebenfalls schichtförmig zusammengeschlossene kleine Bleiglanzreste enthält,

Abb. 15. Erzstufe in Schichtungsmetasomatose von Kreuth.
a + b = Bleiglanz-Calcit-Vererzung
c + d + e + g + i = Blende-Flußspat-Vererzung
f + h + k = Blende-Baryt-Vererzung
In der Mitte der Zone b ist der resorbierte Calcit-Skalenoëder der Abb. 16 sichtbar.
Buchstaben-Erklärung siehe Seite 49—51
Nat. Größe

ein gleiches PbS-Band ist am äußeren (oberen) Rande der Blende-Region vorhanden.

e) Grau-schwarze Flußspat-Region mit sehr spärlichen eingeschlossenen Bleiglanzresten.

Blende-Baryt-Vererzung

f) Lichtweiße Baryt-Region in deutlicher, senkrecht zur Flächenausdehnung prismatisch-faseriger Struktur mit eingeschlossenen kleinen Bleiglanz- und Zinkblendeschnüren. Die Blende ist vollkristallin, der Bleiglanz unregelmäßig begrenzt.

g) Dünne, gelblichgraue Region von Blende mit Resorptionsresten von Calcit und Bleiglanz.

h) Feines lichtweißes Band spießig in i hineinragender Barytkristalle.

i) Grauschwarzes Band von Flußspat mit sehr kleinen eingesprengten Barytnadeln und Blendekristallen.

k) Blende und Baryt von i zu k nimmt der Einschub der Blende allmählich zu. In der breiten k-Zone wechselt der Gehalt an Blende schichtig

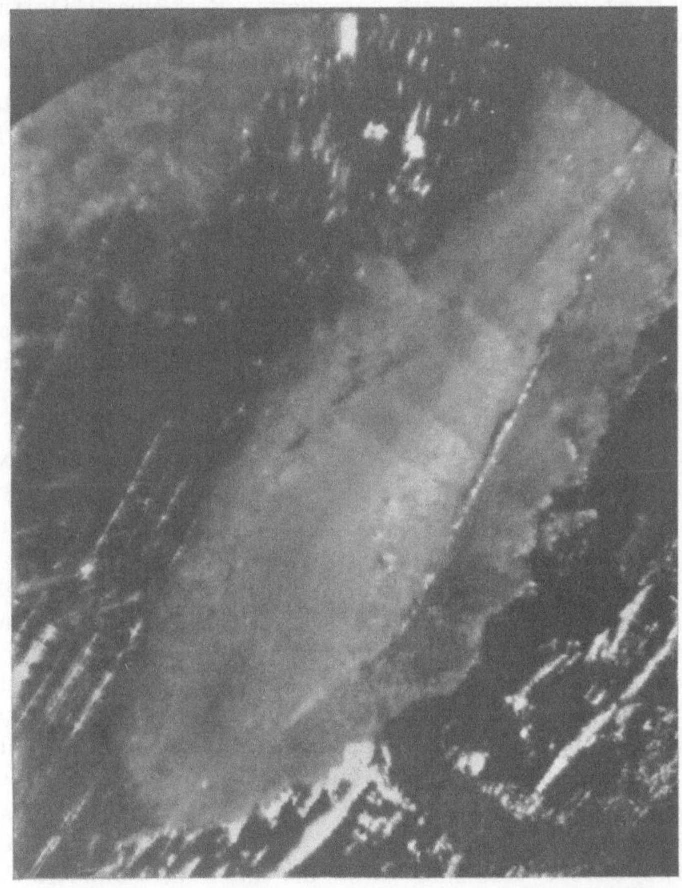

Abb. 16. Calcit-Skalenoëder in Auflösung begriffen in umgebendem Flußspat. Alles beides in Bleiglanz (schwarz) eingeschlossen. Bleiglanz-Calcit-Vererzung in Resorption durch die Blende-Flußspat-Vererzung
Im auffallenden gewöhnlichen Licht, 45fach vergrößert, aus der Zone b der Erzstufe Abb. 15

zwischen weiterer feinster Einsprengung bis zu derben Blendeschichten. Überall Resorptionsreste von Calcit vorhanden.

Das Bild dieser Erzstufe zeigt im Grunde (a und b) den in situ verbliebenen nicht angegriffenen Teil der primären Bleiglanz-Calcit-Bildung. Diese ist zunächst durch den Zutritt von Flußspat teilweise gelöst worden. Der Calcit zeigt am deutlichsten seine durch die Bildung von Flußspat ausgelöste Korrosion. Die in Abb. 16 stark vergrößerte Wiedergabe einer Partie an der unteren Grenze von Flußspat c gegen die primäre Calcitregion a, an welcher der Bleiglanz b bereits vollständig fortgeführt ist, zeigt den stark korrodierten Rest eines Calcitskalenoeders, welcher in idiomorph gegen Calcit begrenztem Flußspat sitzt. An der Grenze beider Mineralien sind die Flußspatwürfel in voller Kristallform ausgebildet. An diesem Bilde wird ersichtlich, daß es bei dem Eintritt der sekundären chemischen Agentien, welche zur Bildung des Flußspates führten, zu einer teilweisen Auf- und Loslösung von Bleiglanz- und Calcitkristallen von ihrer primären Basis und aus ihrem gegenseitigen primären Gefüge gekommen ist und daß sowohl Bleiglanz als Calcitkristalle inmitten der Flußspates geschwommen sind. In einzelnen Fällen sind an dem äußeren Rand der Bleiglanzregion noch die ursprünglichen Oktaederflächen des Bleiglanzes erhalten, als Anzeichen dafür, daß der Einfluß der den Flußspat bildenden sekundären chemischen Lösungen zunächst in den Vertiefungen der primären Lagerstätte einsetzte und dort außer der Korrosion der Oberfläche der Bleiglanz- und Calcitkristalle auch die Loslösung einzelner dieser Kristalle oder von unregelmäßig begrenzten Brocken dieser Mineralien bewirkte.

Die Flußspatzone besitzt eine dichte amorphe Beschaffenheit und macht hier ebenso wie in allen anderen Zonen dichten Flußspates der Kreuth-Bleiberger Lagerstätte den Eindruck, daß sie ursprünglich als Gel ausgeschieden ist. Diese Ansicht wird dadurch wesentlich gestützt, daß in allen Fällen, wo an die Flußspatzone eine Barytzone grenzt, ein Saum von hoch pyramidalen spitzigen Barytkriställchen sichtbar ist, welche in die Flußspatmasse hineingewachsen sind. F. Bernauer[1] bezeichnet es als geradezu charakteristisch für Mineralgele, daß die benachbarte kristalline Substanz in spießigen Kristallformen in die Gele eindringt.

Die darauf einsetzende Bildung von Blende (d) vollzog sich als Überzug des nach der Flußspatbildung verbliebenen Reliefs der primären Bleiglanz-Calcit-Vererzung Reste der durch die sekundäre Blende-Flußspat-Vererzung abgelösten Teile der primären Bleiglanz-Calcit-Vererzung haben sich zu Zeiten der Unterbrechung des Blendeabsatzes an der jeweiligen Oberfläche der Blende festgesetzt Die Schichtung in der Blenderegion d beweist den oszillierenden Absatz von Schicht zu Schicht dieses Erzes. Die lichtere und dunklere Färbung der einzelnen Blendebänder beruht zu kleinem Teil auf Einschüben von Flußspat, der Hauptsache nach aber wohl auf einem leicht wechselnden Eisengehalt der Blende. Die Anordnung der Bleiglanzfragmente auf der Oberfläche ist natürlich nicht als Aufstieg der spezifisch schweren

[1] Die Kolloidchemie usw., S. 15f. Berlin. 1924.

Bleierzteilchen in der Blende zu deuten, sondern erscheint als langsame Verdrängung dieser Resorptionsreste aus der in der Kristallisation begriffenen Blendemasse unter der Druckwirkung der wachsenden Blende. Es ist diese Erscheinung ein schönes Beispiel zu der von S. Taber[1] neuerdings bewiesenen „Kristallisationskraft", zufolge der ein wachsender Kristall bedeutende Lasten zu heben vermag. Die Bleiglanzteilchen sind dann am äußeren Rand des jeweiligen Stillstandes der Blendebildung mit dieser verwachsen. — Dieser Vorgang wird verständlich unter der Annahme, daß die Blende sich zunächst kolloidal in der Form der Schalenblende gebildet hat. Das mikroskopische Gefüge gerade dieses Blendebandes (d) und dasjenige der im folgenden beschriebenen zweiten Erzstufe läßt diese Bildung deutlich erkennen. Besonders die unteren Teile dieses Bandes besitzen ein prismatisches, senkrecht zur Unterfläche gestelltes Gefüge, und man erkennt an dieser Basalpartie u. d. M. deutliche Abhebungen der einzelnen prismatischen Gefügeteile seitlich voneinander. Die so entstandenen Zwischenräume sind stets durch lichten Flußspat, teilweise in Würfelkristallen ausgefüllt. Die Blende ist trotzdem in der jetzigen Erzlagerstätte regulär und hellt bei + Nikol nirgends auf. Das prismatische Gefüge, soweit es noch sichtbar ist, stellt lediglich ein Überbleibsel (eine Abbildung) der hexagonalen Kristallform der Schalenblende dar. Es muß sich zunächst aus der kolloidalen ersten Bildung von Zinksulfid unter einer sich schon vor Absatz der oberen Blendeschichten vollzogenen Raumreduktion hexagonale, stengelige Schalenblende gebildet haben; bei dieser Bildung kam es zur Bildung langer, sich voneinander entfernender und teilweise auch nach unten in den Flußspat verlängerter winzig kleiner Prismen, zwischen welche Flußspatmasse eintrat und einkristallisierte. Erst später ging die hexagonale Form des Zinksulfids in die körnig kristalline der regulär kristallinen Blende über. Das mikroskopische Bild im polarisierten durchfallenden Licht zeigt die isotrop regulär körnige Beschaffenheit der Prismen einwandfrei. Es muß hier erwähnt werden, daß eine gleiche Erscheinungsform der Blende von Kreuth offenbar auch Brunlechner[2] vorgelegen hat. Dieser Autor beschreibt das Folgende: „Bemerkenswert ist durch Austrocknung (?) geborstene Schalenblende; zahlreiche Klüftchen durchsetzen das Mineral und Calcitindividuen siedeln sich in den Klüftchen und über den Blendeschalen als jüngere Bildung an." In der Tat ist der Calcit ohne Untersuchung unter dem Polarisationsmikroskop schwer vom Flußspat zu unterscheiden.

In den folgenden dunklen Flußspatpartien (e) sind mikroskopisch kleine Bleiglanzreste eingeschlossen. Der Bleiglanz ist aber sehr viel

[1] Americ. Journal of science, XLI, S. 532. 1919.

[2] Die Entstehung und Bildungsweise der Bleiberger Erze. Jahrb. d. naturh. Landes-Museums in Kärnten, XLV, S. 69. 1899.

spärlicher vorhanden als in der ersten Flußspatregion c. Nun folgt ein breites lichtweißes Band quer gefaserten kristallinen Baryts (f), als Beginn der Barytausscheidung; in der Nähe der Basis dieser Region und am oberen Rand sind die letzten Bleiglanzrelikte eingeschlossen. Zwei dünne Bänder einer vollkristallinen Blendeausscheidung sind außerdem eingeschlossen. Ein neues Blendeband (g) trägt sodann einen dünnen Überzug von langspießigen Barytkriställchen (h), welche in die benachbarte Flußspatpartie (i), in welcher zahlreiche kleine spitze Baryt-

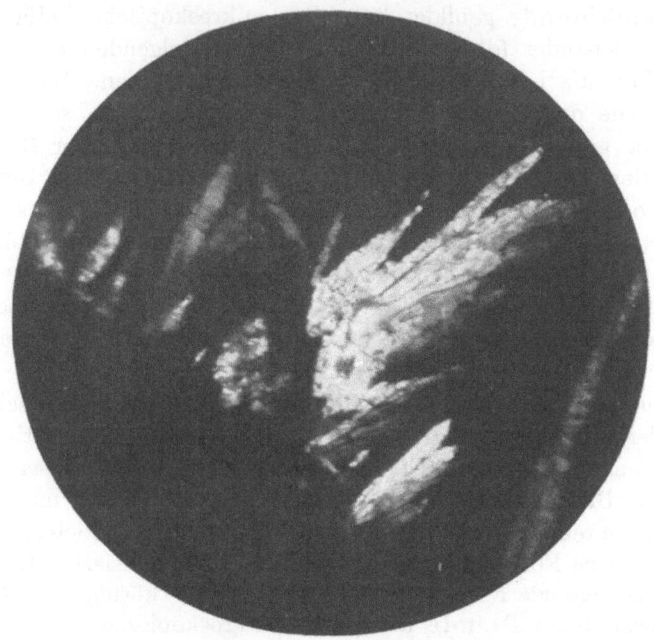

Abb. 17. Barytnadeln der Partie h der Erzstufe Abb. 15, sitzen einer Blenderegion auf und ragen nach oben in dichten, als Gel ausgeschiedenen Flußspat hinein. In durchfallendem polarisiertem Licht, 45 fach vergrößert

nadeln und auch Blendekristalle eingeschlossen sind, hineinragen (siehe Abb. 17). Es folgt nun eine breite Barytregion, in welcher die mikroskopisch kleinen, nach allen Richtungen orientierten, langgestreckt spießigen Kristalle des Baryts zu einem dichteren Gewebe verwachsen sind (Abb. 18). In dieses Gewebe treten Flußspathexaeder in wechselnder Dichte eingestreut auf. Auch Blende ist schichtig eingelagert, im Baryt aber nicht als Schalenblende, sondern stets schon von Anbeginn regulär ausgebildet. Entweder treten die Blendekristalle zu dichten Schichten unmittelbar zusammen und erscheinen dann im auffallenden Licht als honiggelbe Bänder oder sie bilden inmitten des Baryts in schütterer

Verteilung lichtgelbe Bänder. In dieser breiten Region sind zahlreiche Calcitreste von kristallinem Gefüge aus der primären Bleiglanzvererzung eingeschlossen, welche stets deutliche Korrosionserscheinungen aufweisen. Die Abb. 19 zeigt ein schönes Beispiel dieser Korrosionserscheinung.

Zusammenfassend kann aus den vorbeschriebenen Beobachtungen die folgende Sukzession in dem Vorgang der Überdeckung der Bleiglanz-Calcit-Vererzung durch die eingetretene jüngere Zinkblende-Flußspat-Baryt-Vererzung festgestellt werden. Das Bild der Erzstufe ist

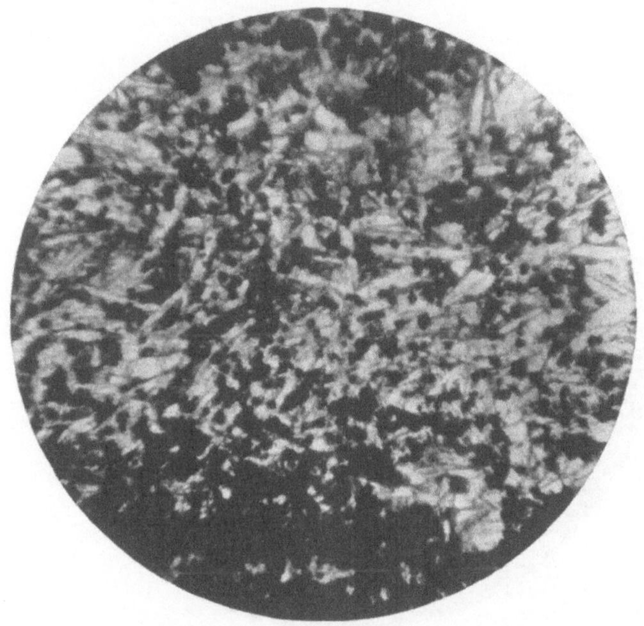

Abb. 18. Normale Ausbildung der Blende-Baryt-Vererzung in der Zone k der Erzstufe Abb. 15 in Schichtungsmetamorphose. Unten dichtes Band regulärer Blende, darüber dichtes Geflecht von Barytnadeln mit eingesprengter gelber Blende (schwarz)
In durchfallendem polarisiertem Licht, 45 fach vergrößert

ebenso wie dasjenige, welches die im folgenden beschriebenen Erzstufen bieten, nicht so aufzufassen, daß die Schichten der verschiedenen Mineralien etwa in der Reihenfolge ihrer Übereinlagerung abgeschieden worden sind. Es liegt vielmehr das Bild einer Schichtungsmetasomatose vor, d. h. des metasomatischen Eindringens der Lagerstättenmineralien gleichzeitig in mehrere Schichten. Die Sukzession der Mineralausscheidungen ist lediglich aus den Resorptionserscheinungen und an dem Verhalten kristalliner Ausscheidungen (Baryt) zu bereits vorgefundenem Gel (Flußspat) zu folgern. In die Umgebung der bereits vorgefundenen Bleiglanz-Calcit-Vererzung ist zunächst die Flußspat-Blende-Vererzung schichtig eingedrungen. Bei der Erhärtung des Flußspatgels entstanden Schrumpfungszonen, in welche sodann in mehreren Schichten gleichzeitig die Baryt-Blende-Vererzung eindrang. Die Reihenfolge der Bildung der Mineralzonen a bis k ist vielmehr die folgende:

a b — c, d, e, g, i — f, h, k.

Durch die zunächst einsetzende Bildung von Flußspat erfolgte von den vertieften Stellen der Oberfläche der Bleiglanzlagerstätte und

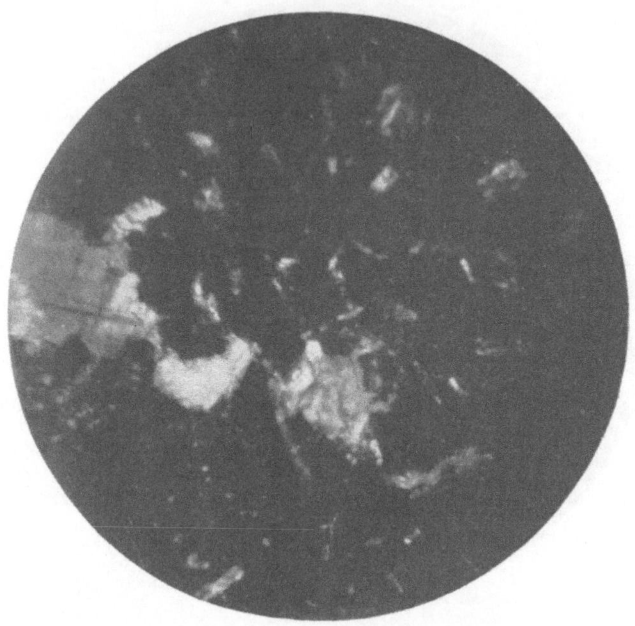

Abb. 19. Aus der gleichen Zone k wie die vorstehende Abbildung. Resorptionsreste von Calcit (licht bis grau), in welche Flußspat in Würfel eindringt. Im Flußspat eingesprengte Barytnadeln und spärliche Blendekristalle
In durchfallendem polarisiertem Licht, 45 fach vergrößert

von Klüften in dieser ausgehend eine teilweise Einlösung des Calcits und des Bleiglanzes. Sodann erfolgte der Absatz von Schalenblende und nochmals von Flußspat. Nunmehr scheidet sich Baryt und reguläre Blende aus als Einschübe zwischen bereits bestehenden Flußspatschichten mit wenig Flußspat. Bleiglanz- und Calcitreste sind bis in den Beginn der ersten Barytausscheidung noch vorhanden, sodann schließt die Barytzone aber nur noch Calcitreste ein, welche sich infolge der immer noch andauernden, wenn auch spärlicheren Bildung von Flußspat im Stadium der letzten Auflösung befinden, während der Bleiglanz bereits vollständig fehlt, während der Hauptphase seiner

Bildung wird der Flußspat als Gel, im Baryt aber kristallin gefällt.

Ein etwas anderes Bild zeigt eine zweite Erzstufe, welche die Abb. 20 darstellt. Auch in dieser ist eine feine Zonenbildung in dem Prozeß der Überdeckung der Bleiglanz-Calcit-Lagerstätte durch die Blende-

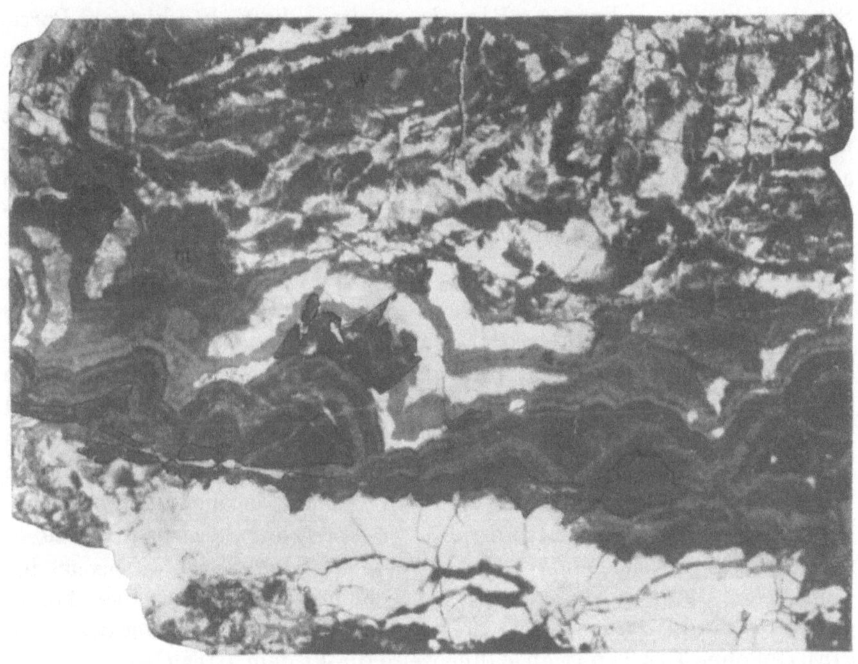

Abb. 20. Erzstufe in Schichtungsmetasomatose von Kreuth Überdeckung der Bleiglanz-Calcit-Vererzung durch die Blende-Flußspat- und die Blende-Baryt-Vererzung in Schichtungsmetasomatose. w = Wettersteinkalkreste. Das Bild der Vererzung ist durch Bruchbildung und Verschiebung während der Vererzung, verworrener als auf der Abb. 15. Die Basis bildet lichter grobkristalliner Calcit und Bleiglanz (schwarz und umrändert), in beiden Einschübe von lichtem Flußspat, beide überzogen von gelber bis brauner Schalenblende (geschichtet). Darüber lichtgelbe, reguläre Zinkblende-Zone (grau) mit schneeweißen Barytzügen. Bleiglanzreste (umrändert) treten in der weißen Baryt- und der gelben Blende-Zone auf. Es folgt dann weiter oben bis zu den Wettersteinkalkresten (w) eine Wechselschichtung von dunkelgrauem Flußspat (schwarz, nicht verändert) und schneeweißem Baryt. An der Grenze beider spitze in den amorphen Flußspat einschießende Barytnadeln. m = Karbonatreste dicht imprägniert von Bitumen und fein verteiltem Markasit

vererzung erkennbar. Die Zonenbildung irt allerdings nicht so regelmäßig wie bei der vorbeschriebenen Stufe, weil die Region der Erzlagerstätte, welcher die Stufe entstammt, eine nachträgliche starke Kataklase erfahren hat. Abgesehen von dieser ist die regelmäßige Schichtung aber vor allem dadurch gestört, daß mitten in der oberen Erzpartie mehrere Reste des bei der Metasomatose aus seinem Verband losgelösten lichtgrauen Wettersteinkalkes (w), ein größerer am linken oberen Rande und einer am rechten Seitenrand, noch inmitten der Stufe stecken und Partien von an Bitumen angereicherten letzten Reste dieses Kalkes (m), unterhalb der Mitte des linken Randes eingeschlossen sind. Der linke obere Rest von Wettersteinkalk hat in einer breiten Randzone eine grobspätige hell lichtgraue Calcitstruktur angenommen, welcher unmittelbar eine Schale licht- und gelbgrauer Blende aufsitzt; die rechte kleinere Partie ist bereits zur Gänze kristallin geworden, sie ist von einer grauen Flußspatschicht umgeben, in welcher lichtgelbe Blendekristalle eingestreut sind, und welche von einer Schale von schneeweißem Baryt und einer über letzteren ausgebreiteten Schale lichtgelber Blende umgeben ist. Die dunkeln Partien (m) angereicherten Bitumens enthalten nur noch wenig Kalk und sind dicht mit Markasit imprägniert, welcher an einer Stelle auch zu einem derben Markasitband zusammentritt. Die langgestreckte Ellipse oberhalb des zerrissenen Zuges des bitumenreichen, von Markasit erfüllten Wettersteinkalkes besteht im wesentlichen aus Flußspat, mit eingesprengten Calcitresten und umrandender Blende mit schneeweißem Baryt. Inmitten dieser äußeren Schalen befinden sich zu einem Bande angeordnete Bleiglanzreste. Die den unteren und Hauptteil der Stufe bildende Partie stellt diesen oben beschriebenen isolierten Partien gegenüber einen Teil der noch in situ verbliebenen primären Bleiglanz-Calcit-Vererzung mit der deutlich zoneren Überdeckung der sekundären Blende-Baryt-Vererzung dar. Das Bild dieser Überdeckung unterscheidet sich von dem auf den Seiten 49 bis 56 beschriebenen dadurch, daß die schön geschichtete, aus lichtgelber, honiggelber bis dunkelbrauner Zinkblende gebildete Überdeckung des Bleiglanzes ohne Flußspat ausnahmsweise direkt dem Bleiglanz aufliegt, der letztere zeigt eine sehr deutliche Korrosion auf seiner Oberfläche. Die Blende sitzt auf einer stark zerfransten, stellenweise spaltenförmige Einsenkungen zeigenden Bleiglanzoberfläche. An einer Stelle greift sie, wie die Abbildung deutlich erkennen läßt, auch in das Innere des Bleiglanzes so weit ein, daß sie Teile des letzteren völlig abschnürt. Derartige losgelöste Teile von Bleiglanz sind wiederum infolge des auf S. 52—53 beschriebenen Vorganges bis an den oberen Rand des breiten Blendebandes hinaufgedrängt worden. Auf der in der Wiedergabe nicht sichtbaren Rückfläche der Stufe sind diese Reste sogar zu einem zusammenhängenden Band vereinigt. Über dieser Zone folgt eine weitere breite Zone lichtgelber Blende mit unregelmäßig verlaufenden Zügen von eingeschaltetem schneeweißem, prismatisch kristallinem Schwerspat, über diesem absätzige Partien von grauem Flußspat mit schneeweißem Baryt. Der letztere greift stets in langen spitzigen Kristallindividuen in den Flußspat hinein, so wie es auf der Abb. 17 wiedergegeben ist.

Das Bild dieser Erzstufe läßt sich wie folgt mit dem Resultat der

Betrachtung der zuvor untersuchten Stufe (Abb. 15) in Einklang bringen. Zu unterst eine Partie der primären Bleiglanz-Calcit-Vererzung, die sekundäre Blendevererzung setzt hier ohne Flußspatbildung direkt mit einer mächtigen, zunächst ganz reinen Blendebildung ein, in deren oberen Teil bereits reichliche Einschübe von Baryt auftreten. Von der primären Bleiglanzlagerstätte losgelöste Bleiglanz- und Calcitreste sind mit den deutlichsten Merkmalen randlicher Korrosion bis an den

Abb. 21. Eine durch die Flußspat-Blende-Vererzung in Resorption begriffene ursprüngliche Bleiglanz-Wettersteinkalk-Breccie (vgl. Abb. 14). Bleiglanz (unverändert) in Resorptionsresten, die übrigen dunkeln Partien sind dunkelgrauer Flußspat, in welchem partienweise isolierte Blendekristalle eingeschlossen sind, welche zu lichtgelben Schleiern oder Bändern zusammentreten können. Die weißen Partien sind Calcitreste im Flußspat.

Zwei Drittel der natürlichen Größe

äußersten Rand des Blendebandes in dieses eingeschlossen. Nun gelangen wir in eine sehr absätzige untergeordnete Bildung von Flußspat und sodann neuerdings von Baryt. Das Erlöschen der an der erstbeschriebenen Stufe beobachteten Flußspatbildung im Zeitpunkte des Beginns der Blendevererzung erscheint durchaus als eine Ausnahme, denn aus einer Anzahl anderer untersuchter Erzstufen ähnlicher Art, ließ sich dieser Absatz von Flußspat stets beobachten. Der obere Teil der vorliegenden Stufe enthält auch mehrere Einschlüsse mehr oder weniger unmittelbar durch die Zinkblende-Flußspat-Baryt-Vererzung veränderter Wettersteinkalkreste. Wir sind dort schon im Bereich der in den Wettersteinkalk vorschreitenden Metasomatose der Blende-Flußspat-Vererzung. Der oben beschriebene Zustand dieser Einschlüsse zeigt zunächst die eintretende Kristallinität des dichten Wettersteinkalkes, sodann die Umwandlung dieses Calcits in Flußspat, dann die Bildung der Blende und schließlich des Baryts unter Resorption von Bleiglanz.

In der Abb. 21 ist eine dritte Erzstufe mit einer weiteren Abart der Überdeckung der Bleiglanz-Calcit- durch die Blende-Flußspat-Baryt-Vererzung wiedergegeben, wie sie in Kreuth am häufigsten angetroffen wird. In diesen Teilen der Lagerstätte bilden isolierte Reste der primären Bleiglanz-Calcit-Lagerstätte und des dichten Wettersteinkalkes eine Breccie, welche durch die Mineralausscheidungen der Blende-Flußspat-Vererzung zementiert sind. Im Gegensatz zu der auf S. 46 (Abb. 14) beschriebenen, durch Bleiglanz zementierten Wettersteinkalkbreccie der primären Bleiglanzvererzung besteht diese Breccie aus durch Flußspat (mit eingeschlossenen Blendekristallen) zementierten Bruchstücken der primären Bleiglanz-Calcit-Lagerstätte. Gerade hieraus ist mit voller Sicherheit das Vorhandensein einer primären Bleiglanz-Calcit-Vererzung und einer nach Beendigung dieser eingetretenen sekundären Blende-Flußspat-Vererzung zu erkennen. Ein ebenflächiger zonarer Aufbau der Lagerstätte ist nunmehr nicht mehr vorhanden, sondern jeder isolierte Bestandteil aus der primären Lagerstätte ist entsprechend seiner unregelmäßigen Umgrenzung von mehr unregelmäßig gestalteten und in ihrer Mächtigkeit stark wechselnden Schichten der einzelnen Mineralien ummantelt. Die Bleiglanz- und Calcitfragmente zeigen eine stets wahrnehmbare deutliche korrodierte Oberfläche, welche zunächst von einer stellenweise recht dicken Zone von grauem Flußspat umkleidet wird, in welche Blendekristalle in Schwärmen eingelagert sind. An den stärker aufragenden Partien der Korrosionsreste befindet sich die Blende ebenso wie an der ersten beschriebenen Erzstufe direkt am Bleiglanz. In wechselnder Entfernung von dem primären Bleiglanzkern finden sich ähnlich wie in den vorbeschriebenen Erzstufen reihenförmig angeordnete kleine Bleiglanzreste, von vollständig allotriomorpher unregelmäßiger Gestalt. In einer gewissen weiteren Entfernung schließen sich Blendekristalle zu einem graugelben dichten geschwungenen Band zusammen. Die Zone der barytischen Ausscheidung ist in diesem Handstück nicht mehr vorhanden. Die Auslösung der Karbonate um die Breccie von Bleiglanz und Calcit war bereits im Laufe der Flußspatbildung beendet, so daß die spätere barytische Blendebildung keinen Raum mehr vorfand und auch durch die dicken Mäntel des Flußspates nicht mehr zum Bleiglanz und zum Calcit vordringen konnte.

Das Resultat dieser Untersuchungen über die Art der Überdeckung der primären Bleiglanz-Calcit-Vererzung durch die sekundäre Zinkblende-Flußspat-Baryt-Vererzung ist das folgende: Es erfolgte diese Überdeckung in zwei Phasen. Zunächst bildete sich aus dem vorhandenen primären kristallinen Calcitkomponenten durch Hinzutritt von Fluor als Gel ausgeschiedener Flußspat, fast gleichzeitig trat Zink in die Lagerstätte ein und es erscheinen kleine, im Flußspat isoliert schwimmende

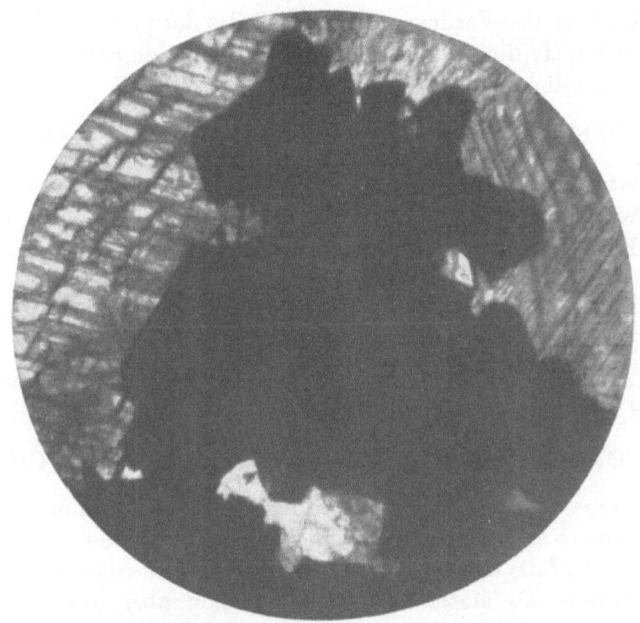

Abb. 22. In grobspätigen Calcit dringt kristalliner Flußspat (schwarz) vor. In diesem eingeschlossene Reste von Calcit. Schönes Bild reiner Metasomatose
In durchfallendem polarisiertem Licht, 45 fache Vergrößerung

Vollkristalle der lichtgelben Blende. Bald wird der Zutritt von Zink ein stärkerer, es entstehen dicke Überzüge kolloidal ausgeschiedenen Zinksulfids, welche bald die prismatisch-stengelige Struktur hexagonaler Schalenblende annehmen, ohne daß ein besonders hoher Eisengehalt auftritt und von Wurtzit gesprochen werden könnte. Die hexagonale Form muß sehr bald in die nunmehr reguläre, völlig isotrope Kristallform der Blende übergegangen sein, welche dem Überzug unter Erhaltung des prismatischen Gefüges eine körnige Struktur verlieh. Diese erste Phase ist nur verständlich, wenn der Eintritt von Zink und Fluor in die

Lagerstätte in der Form von ZnF_2 gedacht wird. Das freiwerdende Zink muß sodann den Bleiglanz zersetzt und ZnS unter Bildung von löslichem $PbCO_3$ zersetzt haben. Die zweite Phase der Überdeckung der Bleiglanzlagerstätte durch die Blendevererzung erfolgte unter Zutritt von Barium, vermutlich ebenfalls von BaF und H_2S. Es erfolgte nunmehr die überwiegende Bildung von Schwerspat $BaSO_4$ unter gleichzeitiger Zersetzung der restlichen aus der Bleiglanzlagerstätte losgelösten Bestandteile von Calcit zu Flußspat.

Die Vorgänge der Verdrängung eines Teiles der primären Bleiglanz-Calcit-Lagerstätte durch eindringendes ZnF_2 würde nach der folgenden Formel verständlich:

$$PbS + CaCO_3 + ZnF_2 = ZnS + CaF_2 + PbCO_3,$$

Bleikarbonat würde abwandern.

Die zweite Phase der Einwanderung von Ba kann sich nach der folgenden Formel vollzogen haben. Es ist in dieser Phase so gut wie kein Bleiglanz mehr vorhanden. An keiner der untersuchten Stufen konnte er in der barytischen Zone nachgewiesen werden, lediglich in der Umsetzung befindliche Karbonatreste sind mit einem Rand von Fluoritkristallen zahlreich im Baryt eingeschlossen. Dementsprechend lautet die Formel:

$$CaCO_3 + BaF_2 + SH_2 + H_2O = CaF_2 + BaSO_4 + CH_4.$$

Die interessanteste Folgerung ist die, daß sich nunmehr aus der Zersetzung des Karbonates ein Kohlenwasserstoff bildet, welcher nach der obigen, jedenfalls den tatsächlichen Vorgang nur schematisch wiedergebenden Formel als Methan zeigt, tatsächlich aber wohl ein höheres Derivat darstellt.

Man könnte auch beide Vorgänge in der folgenden Darstellung vereinigen:

Auf der Lagerstätte vorhandene Mineralien

$$2\,CaCO_3 + PbS +$$

in die Lagerstätte eintretende chemische Verbindungen

$$+ ZnF_2 + BaF_2 + SH_2 + H_2O =$$

in der Lagerstätte ausgefällte Mineralien

$$ZnS + 2\,CaF_2 + BaSO_4 +$$

aus der Lagerstätte austretende, im Nebengestein oder weiter abgesetzte Mineralien

$$+ PbCO_3 + CH_4.$$

Die relative, d. h. geologische Löslichkeit des $PbCO_3$ ist bereits von Bischoff in seiner Geologie mit 1 Teil $PbCO_3$ in 50800 Teilen H_2O festgestellt worden. Tatsächlich kann über den Verbleib des Bleikarbonats keine Beobachtung gemacht werden, gleichwohl muß es als möglich bezeichnet werden, daß der wasserhelle Cerussit sich in Haarspalten des benachbarten Wettersteins hat bisher verbergen können. Der über dem Spiegel des Grundwassers in Bleiberg-Kreuth als Überzug von Bleiglanz auftretende und längst bekannte Cerussit kann natürlich nicht auf diesen chemischen Vorgang zur Zeit der Vererzung zurückgeführt werden. Er ist offensichtlich, so wie ihn Makuc, Hupfeld, Brunlechner u. a. auch bereits aufgefaßt haben, ein viel jüngeres Produkt der Verwitterung des Bleiglanzes.

Abb. 23. Erzstufe in Schichtungsmetasomatose von Bleiberg
Die ursprüngliche Calcit-Bleiglanz-Vererzung ist beiderseits von der späteren Blende-Flußspat-Vererzung umgeben worden. An dem unteren Saum des weißen Calcits dichter Flußspat (schwarz) mit Blende-Bändern und Einsprenglingen und vielen Calcitresten. Die obere mit Bleiglanz besetzte Grenze der weißen Calcit-Zone in Resorption gegen lichteren Flußspat und Schalenblende mit vielen eingeschlossenen Bleiglanzresten. Darüber Flußspat mit zahlreichen Bändern regulärer Blende. Oben Calcitreste
Nat. Größe

Nach dieser Formel wäre ferner Methan (CH_4) frei geworden. Die Formel ist natürlich nur als Annäherung an den tatsächlich erfolgten komplizierteren Vorgang aufzufassen und man könnte von der Bildung von Kohlenwasserstoffen von höheren Konstitutionen sprechen. Flüssige Bitumina werden an dem Rand, vor dem Rand der Erzkörper und teilweise auch noch innerhalb des Erzkörpers tatsächlich beobachtet. Ihr Vorkommen wird weiter unten ausführlich besprochen werden. Gleiche Bitumina treten auch in Raibl und in der Blei-Zinkerz-Provinz der gesamten Gailtailer Alpen und der Nord-Karawanken auf. In Bleiberg-Kreuth wäre es jedenfalls sehr gezwungen, diese vor der Vererzung in den umgebenden Wettersteinkalk hergeschobenen Bitumina aus dem durchschnittlich 30 m entfernt gelegenen Raibler Schiefer abzuleiten.

Mir liegen eine größere Anzahl anderer Erzstufen aus Bleiberg vor, in welchen immer wieder in anderem Bilde der gleiche Vorgang der Überdeckung der primären Bleiglanzvererzung durch die sekundäre Blendevererzung beobachtet werden kann. Eine derselben läßt auch besser wie die Vorbeschriebenen erkennen, in welcher Form sich der Vorgang der Überdeckung abgespielt hat. Die primäre Bleiglanz-Calcit-Lagerstätte hat in den allerseltensten Fällen wohl die Wände offener Klüfte gebildet, sie war vielmehr, wie es in der Erscheinungsform der Breccien ohnehin sicher ist, als durchaus geschlossene Einlagerung im Gestein vorhanden, als sich die Blendevererzung vollzogen hat. Diese hat das feste Gestein durchzogen, und zwar in der Weise, daß sich zunächst in bestimmten, dem jeweiligen Rand der Erzkörper parallel verlaufenden dünnen Schichten der Einzug der Mineralien der Überdeckungsphase vollzog (Abb. 23). Stirnemann[1] hat vor kurzem durch einen sehr interessanten Laboratoriumsversuch diese Art der Metasomatose darstellen können. Er hat in eine Röhre Kalziumkarbonat gebracht und seitlich einen Strom von Eisenchlorid in das Kalziumkarbonat eingeführt. Es bildeten sich in dem gleichmäßig verteilten, fein gepulverten Kalziumkarbonat mehrere von $CaCl_2$ getrennte Hämatitschichten. Mit vollem Recht erblickt Stirnemann in diesem Versuch den tatsächlichen Nachweis, daß sich in festem, durch ihre Struktur nicht geschichtet erscheinendem Gestein durch seitliche Infiltration der schichtartige Bau eines Erzlagers vollziehen kann, in welchem sich durch Metasomatose gleichzeitig eine Anzahl übereinander liegender Erzschichten bilden. Der gleiche Vorgang kann an einer hier nicht abgebildeten Erzstufe deutlich erkannt werden. Die Basis dieser Stufe besteht aus wenig kristallin gewordenem Wettersteinkalk von grauer (bituminöser ?) Färbung, wie er in Bleiberg mehrfach bebachtet wird; nach oben geht dieser Kalk in Flußspat über. In dieser Flußspatzone sind aber einzelne unveränderte Kalkschichten und Linsen erhalten, besonders unter der dann folgenden absätzigen Blende-Baryt-Schicht, es folgt sodann eine an Kalkeinschlüssen reiche neuerliche Flußspatschicht bis zu einer feinen Blendeschicht, über welcher eine Bleiglanzbildung folgt, in welcher Blende von oben her eingedrungen ist, weiter folgt schneeweißer Baryt, gelbe Blende in breiter Zone und dann Flußspat mit einzelnen Blendebändern bis zum abschließenden Bleiglanz. Die Wechsellagerung des primären Kalkes und des Flußspats in geschichteter Anordnung ist nun durch schichtiges Vordringen der Metasomatose im Sinne des Stirnemannschen Versuches zu erklären und damit erscheint auch der schichtartige Aufbau dieser Stufe überhaupt als in dieser Weise zustande gekommen. In diesem Fall zeigt sich wiederum die Flußspatbildung an den Kalk und die Blendebildung an den vorhandenen Bleiglanz gebunden. Der Einschub absätziger Barytblendeschichten inmitten breiter Flußspatbildungen läßt erstere wieder als

[1] Über die Bildungsverhältnisse der Eisenlagerstätten usw. Neues Jahrb. f. Min. Geol. u. Pal. B. B. LIII, Abt. A, S. 78, Taf. IV, Fig. 5. 1925.

jünger als die letzteren erschienen. Sie sind nach dem Absatz des Flußspates Kalkbändern gefolgt, welche von dem Flußspat noch nicht ergriffen waren.

Der gleiche Vorgang läßt sich in anderer Form in primären Bleiglanz-Wettersteinbreccien verfolgen. In ihnen ist die Überdeckung in der Weise eingeleitet, daß sich der Absatz von Blende und Flußspat zunächst in den Wettersteinkalkstücken der Breccie vollzieht. Erst nach dem Verschwinden dieser Kalkreste kommt es zu der in Abb. 21 dargestellten

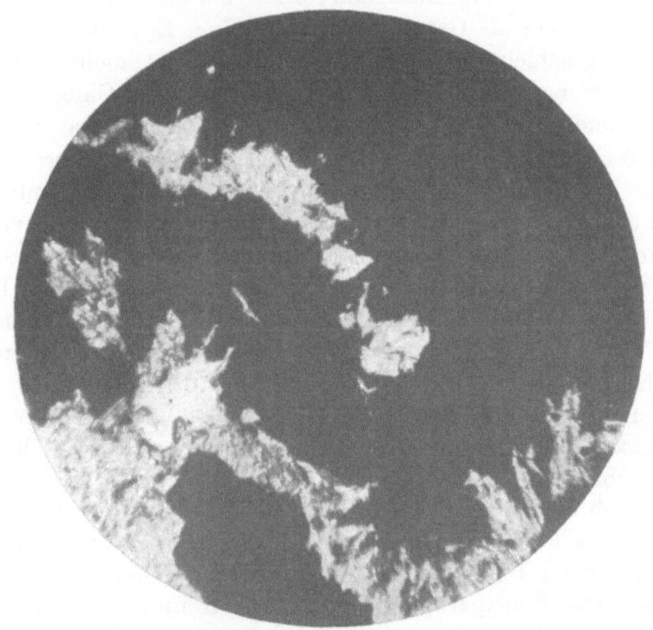

Abb. 24. Verdrängung von Bleiglanz (schwarz) durch vordringende Züge von Blende, hinter dieser Flußspat. Vergrößerte Partie aus der Stufe Abb. 21
In durchfallendem gewöhnlichem Licht, 45 fach vergrößert

und oben auf S. 60 geschilderten Einlösung auch des Bleiglanzes. Die nebenstehende Abb. 24 zeigt diesen Vorgang in sehr vorgeschrittenem Verlauf. Es sind in einer ausschließlich aus regulär-kristalliner Blende bestehenden Grundmasse völlig mazerierte Bleiglanzreste mit deutlichsten Korrosionsrändern eingeschlossen.

Eine etwas andere Modifikation stellt eine Stufe dar, in welcher eine Partie Wettersteinkalk durchwegs in schichtigen Flußspat umgewandelt ist, in welchem spärliche Blendekristalle schwimmen. Keine Spur von Calcitresten ist in diesem Flußspat auffindbar. In die geschichtete Flußspatmasse ragt aber ein Teil der Bleiglanz-Calcit-Vererzung hinein, welcher trotz der Umwandlung des Wettersteinkalkes in Flußspat seine ursprüngliche Begrenzung und auch zum großen Teil seinen Calcit erhalten hat. In diesem Einschluß ist es zu reichlicher Blendebildung untergeordneter Flußspatbildung unter Einlösung eines Teiles des Calcits und des Bleiglanzes gekommen.

Die letztgeschilderten Erzstufen sind Abarten stets des gleichen Vorganges, und es würden sich in Bleiberg vielleicht noch andere Abarten finden, welche aber leicht auf die geschilderten zurückgeführt werden könnten. Fassen wir das Resultat zusammen, so erscheint die Metasomatose als ein sehr vielgestaltiger Prozeß. Vor allem steht fest, daß die geschichteten, bisher als Gangstücke aufgefaßten Erzstufen und die entsprechenden geschichteten Erzlagerstättenpartien nicht etwa Sukzessionen in offenen Klüften nach Art symmetrischer Gangausfüllungen darstellen, sondern daß die Schichtung durch horizontal verlaufende Metasomatose zustande kam, bei welcher der metasomatische Prozeß gleichzeitig auf Schichtflächen und in der flachen Ausdehnung dieser Schichten einsetzte. In erster Linie folgte die metasomatische Vererzung durch Blende und ihre Begleiter allerdings den im Wettersteinkalk bereits vererzten Bleiglanzzügen. Wo die Überdeckung der Blendevererzung in einer bestehenden Bleiglanzbreccie erfolgte, konnte das Bild der schichtigen Metamorphose nicht entstehen, in diesen Fällen erfolgte der Absatz von Flußspat und Blende zunächst im Bereich der Wettersteinkalkbruchstücke der Breccie, außerhalb dieser Breccie, in dem intakten Wettersteinkalk, welcher die Breccie einschließt, aber wiederum schichtig.

Aber auch der zweiphasige Verlauf der Blendevererzung, zunächst die Bildung von Flußspat und Blende und dann Baryt und Blende, kann verschiedene Bilder zeigen. In einzelnen Fällen ist lediglich die erste Phase, die Flußspatbildung mit eingestreuten Blendekriställchen wahrnehmbar, sie legt sich unmittelbar dem vorgefundenen Bleiglanz-Calcit an, sie kann diese, sie resorbierend, überziehen oder sie kann durch starke Einlösung der primären Bleiglanzlagerstätte diese in eine jüngere Breccie verwandeln, bei welcher nunmehr der Flußspat mit spärlicherer Blende das Zement bildet (Abb. 21). Die Flußspatbildung kann aber auch geschichtet in unverändert vorgefundenem Wettersteinkalk schichtig eingedrungen sein oder nur die Wettersteinbrocken einer primären Bleiglanzbreccie ergriffen haben. Der Baryt dieser jüngeren Phase der Überdeckung ist regelmäßig in die dichte Flußspatbildung, welche noch als weiches Gel bestand, in Form langer, spießiger Barytkristalle hineingewachsen, sie hat sich dann über der Flußspatbildung mit Krusten regulär kristallisierter Blende ausgebildet. Sie kann aber auch schichtig und dann absätzig längs Kalkbändern, welche durch die Flußspatbildung nicht angegriffen worden waren, in die schichtige Flußspatbildung eingreifen.

Eine alte in unserer Sammlung befindliche Bleiberger-Stufe läßt die späte Barytbildung in der Bleiberger Lagerstätte besonders deutlich erkennen. In dieser Stufe befindet sich in einer in Schichtungsmetasomatose ausgebildeten Flußspat-Vererzungszone eine i. M. 3 cm mächtige Breccie eingeschaltet, in welcher schneeweißer grobkristalliner Baryt als Zement eine große Anzahl meist flacher, wirr durcheinandergelagerter Splitter von Bleiglanzbruchstücken, von Blendestücken und von Flußspat-Calcitsplittern einschließt. Nach der Blende-

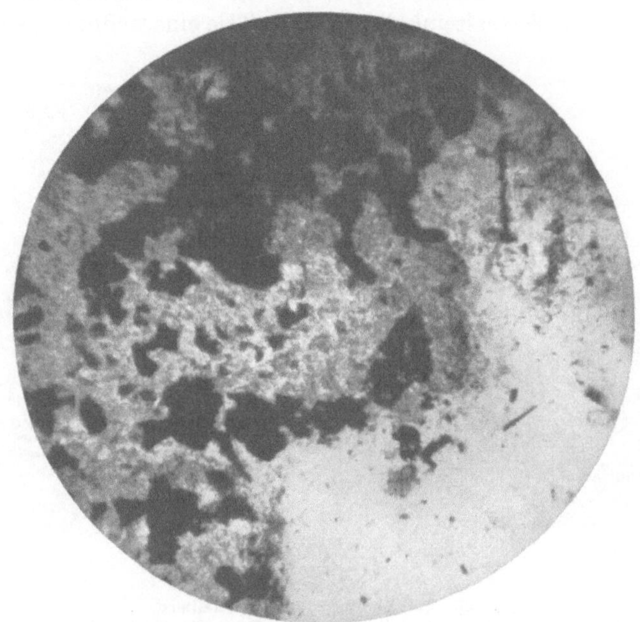

Abb. 25. Körniger, dichter Wettersteinkalk wird von eindringender Blende und Flußspat (beide schwarz) verdrängt.
Im durchfallenden polarisierten Licht, 45 fach vergrößert

Flußspat-Vererzung ist während des Absatzes des Baryts in diesem Fall ein lokaler Zerfall der Bleiglanz-Calcit- und der Blende-Flußspat-Vererzung durch den Vorgang der metasomatosichen Verdrängung von Wettersteinkalk durch Baryt erfolgt.

Anderseits hat die zweite Phase (Blende-Baryt) aber auf der Bleiglanzlagerstätte keine vorausgehende Flußspatbildung angetroffen, dann setzte eine reichliche Ausscheidung von regulärer Blende und Baryt unmittelbar am Bleiglanz ein (S. 70). Das gleiche kann bei der Einwirkung auf eine vorgefundene Bleiglanzbreccie, welche von der Flußspatbildung nicht ergriffen worden war, eingetreten sein. Diese Fälle gehören aber anscheinend zu den Seltenheiten. In diesen Fällen erfolgte eine besonders intensive Ausscheidung von körniger Blende und Baryt unter intensivster Resorption zunächst der Karbonate und dann des Bleiglanzes.

Die vorstehend abgebildeten Erzstufen zeigen einige diese Fälle.

3. Die Blendevererzung am Wettersteinkalk

Während die Blendevererzung die vorgefundene Bleiglanzlagerstätte überdeckte, wirkte sie gleichzeitig auch unmittelbar auf den noch unberührten Wettersteinkalk ein, so daß sie eine weitere Ausdehnung

Abb. 26. Zinkblendestufe von Bleiberg
In Klüfte des Wettersteinkalkes ist gelbe reguläre Blende und schneeweißer Baryt abgesetzt. Stellenweise ist von den Klüften aus das metasomatische Vordringen der Blende in dem Kalk sichtbar. Blende-Baryt-Vererzung unmittelbar am Wettersteinkalk vor dem äußeren Rand des Erzkörpers
Nat. Größe

des Gesamterzlagers in den massigen Wettersteinkalk bewirkte Wir finden daher häufig als äußersten Erzabsatz in der äußersten Peripherie der Lagerstätte ein gelbes Blendeband. Canaval[1] erwähnt schon gelegentlich seiner Beschreibung des Bergbaues Radnig bei Hermagor in Kärnten, daß im Kreuther Reviere die Zinkblende hauptsächlich den Mantel, die äußere Begrenzung der Erzsäulen bildet. Die reine Blendebildung kann aber auch in Klüften zusammen mit Baryt in unverändertem Wettersteinkalk auftreten (Abb. 26). Da die Blende im Kreuther Revier eine größere Rolle spielt als im Bleiberger, so sind diese Er-

[1] Carinthia, II, S. 70. 1898.

scheinungen vor allem in Kreuth an vielen Orten gut zu verfolgen. Im Bleiberger Revier ist die Bleiglanzlagerstätte ab und zu gegen den Wettersteinkalk durch eine auffallende, dunkel gefärbte, fein geschichtete Zone getrennt, in welcher Baryt und Blende vorherrschen.

Wir haben demnach zu unterscheiden zwischen dem metasomatischen Vorschieben des Erzkörpers in den Wettersteinkalk während der ersten Blende-Flußspat-Phase und während der zweiten Blende-Baryt-Phase. Die erstere ist anscheinend nirgends rein entwickelt und stets durch die auf ihr folgende Barytbildung ergänzt worden. Die letztere ist

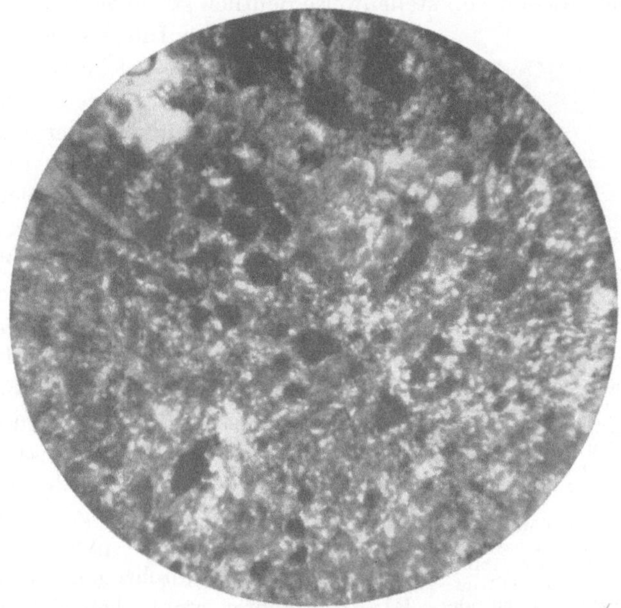

Abb. 27. Dünnschliff durch die schwarz-weiß feinst gebänderte äußerste Randzone des Erzkörpers in Bleiberg-West IX. Lauf. Die makroskopisch sehr deutliche Schichtung ist im mikroskopischen Bild undeutlich. Lichte calcitreiche Züge wechsellagern mit dunklen, bitumenreichen (wolkig begrenzten), in denen in der feinkörnigen Calcitgrundmasse winzige Barytnadeln und Blendekristalle und kleine Markasitsäulen erscheinen. In durchfallendem polarisiertem Licht bei 45facher Vergrößerung

aber in Kreuth als äußerster Erzsaum vielerorts in ihrer reinen Ausbildung vorhanden. Es liegt mir eine Stufe (Abb. 26) von stark zerklüftetem, bereits ein wenig kristallin gewordenem lichtgrauen Wettersteinkalk vor, in welcher die nach allen Richtungen unregelmäßig verlaufenden Klüfte vorwiegend durch honiggelbe, kristalline Blende und in geringerer Menge durch schneeweißen Baryt ausgefüllt werden. Daneben treten vereinzelt in feinsten Haarspalten des Kalkes, aber auch an der Grenze zwischen der Blende und dem Kalk feine Züge eines dunklen Bitumens auf. Da sowohl Bleiglanz als auch jeder Flußspat fehlt, kann es sich nur um einen Vortrieb der Vererzung während der zweiten Phase der Blendeüberdeckung handeln. Das Bitumen erscheint als vor die Vererzung in die feinsten Klüfte des Wettersteinkalkes hergeschoben.

Eine andere Stufe läßt ein breites Bleiglanzband inmitten sehr wenig kristallinen Wettersteinkalkes erkennen, auf der Basis ist der normale großkristalline Calcit der primären Bleiglanzvererzung nur noch in Resten erhalten. Der Hauptsache nach ist er durch Baryt ersetzt, welcher auch oberhalb des Bleiglanzes durchzogen von hier zurücktretender lichtgelber Blende und an Klüften in den Kalk hinein in schneeweißen Massen von stellenweise deutlich strahligem Bau eindringt.

Abb. 28. Unten dichter Wettersteinkalk (grau), an ihm ein feiner Saum von Flußspat (weiß), über den sich ein gelbes Blendeband und sodann eine schneeweiße Barytzone legt. Den oberen Teil der Stufe bildet eine dunkle, Calcit- und Bitumen führende Masse, in welcher derbe Züge glänzenden Markasits (auf der Abbildung stellenweise aufleuchtend, sitzen. Oberhalb der Blende region im Baryt Reste von Bleiglanz

Nat. Größe

Von besonderem Interesse ist der Aufbau der dunklen Schalen, welche häufig das Erz, vorwiegend Bleiglanzbreccien gegen den lichten Wettersteinkalk begrenzen. Dünnschliffe, welche ich von dem IX-Lauf in Bleiberg-West entnommenen Stücken einer solchen Schale angefertigt habe, zeigten den folgenden Aufbau (Abb. 27). Die Grundmasse besteht aus sehr feinkörnigem Kalkkarbonat, einem sehr wenig veränderten Wettersteinkalk. In dieser Grundmasse ist Blende in isolierten, sehr lichten kleinen Kristallen ausgeschieden. Die Blendekristalle stehen schichtenweise dichter zusammen und zeigen sich in anderen Schichten nur sehr spärlich. Das Karbonatgefüge ist ferner von nicht sehr reichlichen pyramidalspitzigen Barytnädelchen durchzogen; dort, wo die Blende dichter steht, befindet sich auch eine reichlichere Barytausscheidung. Im Karbonatgefüge finden sich ferner sehr kleine säulenförmige Markasitkristalle und dort, wo diese in größerer Anzahl auftreten, ist die Karbonatmasse nicht klar durchsichtig, sondern graugrünlich gefärbt. Die Färbung wird durch kleine, lappig gestaltete, doppelbrechende Karbonatmassen getragen. Sie stellt ein ausgeschiedenes Bitumen dar. Die bitumenreichen Schichten sind zugleich die an Blende und Baryt reichsten. Der Befund zeigt, daß die makroskopisch sichtbare Schichtung von feinen lichten und dunkelgrau gefärbten Zonen durch die schichtenförmig abwechselnde Einlagerung von Bitumen mit Markasit zwischen weißen Kalkkarbonatbändern hervorgerufen wird und daß in diesen dunklen Zonen Räume beginnender Metasomatose durch die erfolgte, aber noch spärliche Ausscheidung von Blende und Baryt zu erblicken sind.

In anderen Fällen treten am äußeren Rand der Erzsäulen auch größere Linsen von grünlichschwarzer Färbung, teilweise direkt am Wettersteinkalk, teilweise inmitten der äußeren Blende-Baryt-Zone auf (Abb. 28). Diese Linsen enthalten größere geschlossene Markasitmassen, häufig in querstrahligen, prismatisch kristallinischen Bändern und stets reichliches bituminöses Kalkkarbonat. Eine kleine derartige Partie ist auf der früher als Abb. 20 wiedergegebenen Erzstufe in der Nähe der Mitte des linken Randes vorhanden. Es ist in allen diesen Fällen klar ersichtlich, daß die Markasitbildung durch das Vorhandensein des Bitumens gefördert, wenn nicht ausschließlich veranlaßt worden ist.

Von besonderem Interesse ist die Frage über die Herkunft des am Rande der Erzkörper angereicherten Bitumens. Seine Ableitung aus im Wettersteinkalk primär vorhandenen Kohlenwasserstoffen erscheint mir bei der charakteristischen lichten und sehr reinen Beschaffenheit dieses Kalkes sehr wenig wahrscheinlich. V. Cotta[1] hat im Jahre 1863 die folgende Analyse des Wettersteinkalkes mitgeteilt:

95,760 kohlensaurer Kalk,
0,945 kohlensaure Magnesia,
0,114 Eisen- und Manganoxyd,
4,150 Auflösungsrückstand u. d. M. deutliche Quarzdiploeder.

Neuere Analysen hat Canaval[2] bekanntgegeben:

Wettersteinkalke vom

	Rudolf-Schacht	Franz-Joseph-Stollen
$CaCO_3$	96,50	89,37
$MgCO_3$	2,95	3,73
Al_2O_3	0,55	2,96
Fe_2O_3	—	0,94
SiO_3	—	3,—

Man könnte ferner der Ansicht sein, daß das Bitumen aus den hangenden Raibler Schiefern stammt, in Anbetracht dessen, daß diese aber durchschnittlich 30 m im Hangenden beginnen und daß das Bitumen deutlich als vor der Vererzung hergeschoben erscheint, will mir auch diese Herkunft unwahrscheinlich erscheinen. Ich bin vielmehr der Ansicht, daß dieses Bitumen bei der Verdrängung des bei der Bleiglanzbildung gebildeten Calcits während der Baryt-Vererzung nach der auf S. 62 aufgestellten Formel entstanden ist. Nach ihrer Bildung sind die Kohlenwasserstoffe sodann vor den äußeren Rand der Erzzone in den Wettersteinkalk vorgetrieben worden, sie haben die nächstgelegenen Teile

[1] Über die Blei- und Zinklagerstätten Kärntens. Berg- u. Hüttenm. Zeitung, XXII, S. 10. 1865.

[2] Zeitschr. f. prakt. Geologie, XXII, S. 158. 1914.

dieses Kalkes, soweit sie nicht gasförmig (CH_4), sondern flüssig waren, imprägniert oder sind in den Haarspalten des Kalkes festgehalten worden, ihre Anwesenheit hat dann als Katalysator den Absatz von Markasit bewirkt.

Daß die Kohlenwasserstoffe bei der Blende-Baryt-Vererzung entsprechend der auf S. 62 gegebenen Formel gebildet worden sind, beweisen die besonders im I-Lauf des Rudolf-Viererbaues sehr reichlichen Ausscheidungen von Markasit mit Bitumen. Die in vorstehender Abb. 28 wiedergegebene Stufe vom Rudolf-Maschinengang I-Lauf zeigt unmittelbar auf unverändertem lichten Wettersteinkalk ein honiggelbes Blendeband, über dem eine Barytzone auftritt. Der äußere Rand dieser Zone zeigt pyramidal spießig in die mächtige dunkle Markasit-Bitumen-Zone hineinragende Barytkristalle. Inmitten der Barytzone, aber auch noch in der Markasitzone finden sich Bleiglanzreste, in der letzteren ferner Putzen von Baryt.

4. Die Anhydritbildung

In Kreuth treten im Erzkörper lokal bedeutende lichtblaue Anhydritmassen auf, welche teilweise zu Gips umgewandelt sind. Diese Anhydritbildung ist im Vergleich mit den übrigen Mineralausscheidungen im Erzkörper eine sehr späte. Es nahmen daher schon Hupfeld und Brunlechner an, daß sie die jüngste und letzte Bildung darstellen. Nach den im folgenden wiedergegebenen Beobachtungen spielten sich bei der Anhydritbildung komplizierte Umsätze ab und ist es bei der Ausscheidung des Anhydrites neuerdings zu besonders starken Resorptionen bereits gebildeter Teile des Erzkörpers und zu Neubildungen gekommen. Die ersteren haben lokal zu einem völligen Zusammenbruche des Erzkörpers geführt, so daß der Anhydrit größere Ausscheidungsräume vorfand.

Die in den Abb. 29 und 30 wiedergegebenen Stufen zeigen lediglich Einschlüsse des Erzkörpers, welche der Blende-Flußspat-Phase ihre Entstehung verdanken. In diese Teile des Erzkörpers ist der Anhydrit stellenweise auf Klüften eingewachsen, teilweise hüllt er auch Teile dieses Erzkörpers ein. Die Einhüllung von Teilen des Erzkörpers, in welchen bereits die Bildung von Baryt erfolgt war, konnte nirgends aufgefunden werden.

Die in der Abb. 29 abgebildete Stufe läßt grauen Wettersteinkalk erkennen, welcher bereits interstrukturell abgesetzten Flußspat zeigt, er ist von einer lichtweißen Kruste von Flußspat mit eingeschlossenem großkristallinen Calcit umgeben, die Grenze des grauen Kalkes und der lichten kristallinen Umrandung ist verschwommen. Nach außen folgt ein breites Band dunkler Schalenblende, dem wiederum Reste einer grauschwarzen Flußspatschale aufsitzen. Nunmehr folgt der Anhydrit, an seiner Basis sind kleinere und größere Teile der grauschwarzen Flußspat- und der dunklen Blendeschale eingeschlossen. Die Begrenzung dieser Einschlüsse und des umschlossenen Wettersteinkalk-Blende-Stückes weist alle Merkmale einer Einlösung im Anhydrit auf. Der letztere reicht taschenförmig oder sonst an einem zerfressenen Rand in

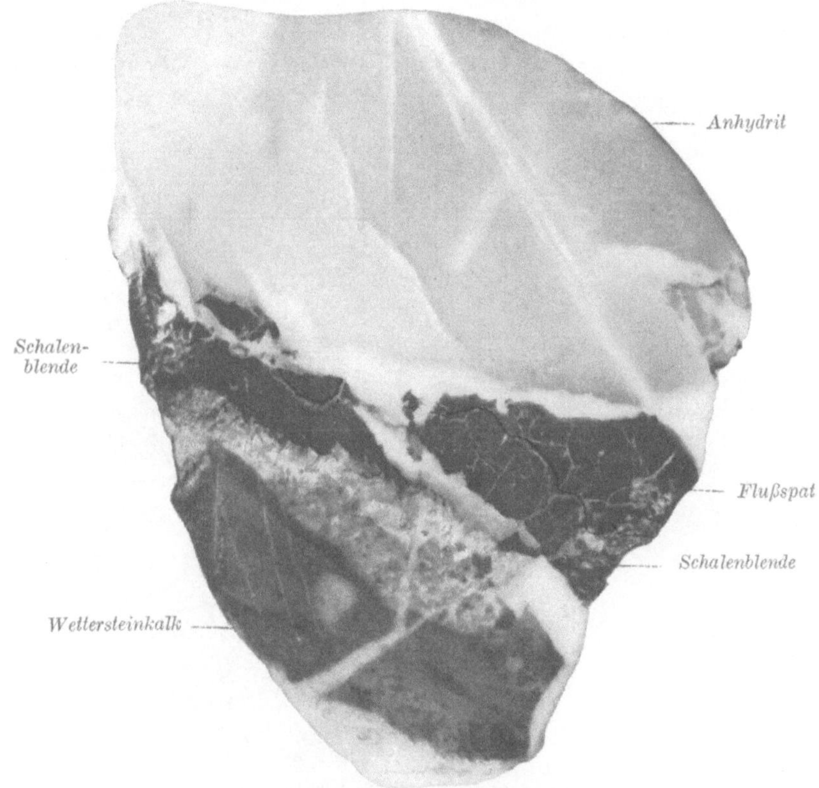

Abb. 29. Erzstufe aus der Anhydritregion von Kreuth
Der untere Teil zeigt eine unmittelbar am Wettersteinkalk ausgebildete Blende-Flußspat-Vererzung, deren oberer Rand gegen den lichten Anhydrit stark gelöst erscheint. Der Anhydrit ist auch an Klüften in die Zone der Blende-Flußspat-Vererzung eingedrungen. — Bild des Zusammenbruches der Blende-Flußspat-Vererzung vor und bei der Anhydritbildung
Nat. Größe

den Wettersteinkalk, in die Blende und den Flußspat hinein. Die vorliegende Stufe zeigt das Bild eines Auflösungsrestes der Blende-Flußspat-Vererzung im Anhydrit.

Eine zweite in Abb. 30 abgebildete Stufe zeigt ein etwas anderes Bild. Auf ihr schließt der Anhydrit teilweise ebenso wie auf der vorher betrachteten Stufe Lagerstättenstücke von teilweise gar nicht, teilweise fast zur Gänze in Flußspat umgewandelten Wettersteinkalk ein.

Diese sind wiederum von einer weißen Calcitzone umzogen, in welcher aber nur wenig Flußspat ausgeschieden ist. Über dieser weißen Zone breitet sich aber ein fast ununterbrochener, sehr dünner Überzug von ganz durchsichtigem Flußspat in Würfeln und kristalliner dunkler Blende und ganz außen noch dünner ein Überzug von kleinen Pyrit-

Abb. 30. Erzstufe aus der Anhydritregion von Kreuth
Die tiefschwarzen Kerne bestehen aus teilweise durch Flußspat verdrängtem grauem Wettersteinkalk, umrandet von einer Zone grobkristallinen grauen Calcits, welcher einen geschichteten braunen und schwarzen (tief schwarz auf der Abbildung) feinen Saum von lichtem Flußspat, lichtbrauner regulärer Blende und Pyrit trägt. Die Ausfüllung zwischen den Wettersteinfragmenten bildet blauer Anhydrit

$^1/_2$ nat. Größe

würfeln aus. Das Blendeband zeigt nicht wie an der vorstehend betrachteten Stufe die Ausbildungsform von Schalenblende, sondern besteht aus einem Gemenge unregelmäßig gegeneinander orientierter, allotriomorph begrenzter Blendekriställchen, so daß man von einem Blende-Konglomerat sprechen könnte. Eine derartig aufgebaute Zone von Blende konnte von mir bei der Untersuchung aller vorbesprochenen Erzstufen nicht beobachtet werden. Ich sehe in dieser Zone einen Zusammenschluß kleiner, ursprünglich im Anhydrit schwimmen der Blendekristalle, welche Resorptionsreste aus der Blende-Flußspat- oder Blende-Baryt-Vererzungsphase darstellen und welche sich vor der Erhärtung des Anhydrites durch Adhäsion an die festen Wände des verbliebenen Erzkörpers angesetzt haben. Der Pyrit, welcher in dieser Anhydritbildung zum erstenmal in der Lagerstätte erscheint, bildet kleinere und größere idiomorphe Würfel, ebenso der neugebildete, ganz lichte Flußspat.

In mikroskopischen Dünnschliffen weist der Anhydrit eine außerordentlich feine Kristallisation von ein wenig prismatisch verlängerten Prismen mit der Basis auf. Es reihen sich häufig mehrere derartige Kristalle zu gebrochenen Stäbchen übereinander. Von einzelnen unregelmäßig verteilten Zentren aus ist die meist untergeordnete Umwandlung in Gips erfolgt. Die Gipskristalle sind größer, erscheinen im polarisierten Licht grau und besitzen die charakteristischen Spaltungsrisse in einer Richtung. Besonders klar tritt u. d. M. bei polarisiertem Licht die Verwachsung von Flußspat und Anhydrit hervor, der in lebhaften Farben erscheinende Anhydrit ist taschenförmig und an zerfransten Grenzen in den Flußspat eingewachsen, er bildet an dieser Grenze aber auch ab und zu fächerförmig gestaltete Kristallgruppen, welche in zugespitzten langen Strahlen in den amorphen Flußspat tief eingedrungen sind. Diese Nadeln zeigen die rechtwinklige Spaltbarkeit des kristallinen Anhydrits. Die Rosetten- oder Fächerform der Anhydritaggregate ist breiter und derber als die vorbeschriebenen Barytnadeln im Flußspat (vgl. Abb. 17). Dem eingelösten Rand des Calcits gegen den Anhydrit ist eine Grenzzone vorgelagert, welche aus einem kristallinen Gemenge von allotriomorphen Calcitteilen in Anhydritmasse besteht. Die gleiche Erscheinung zeigt sich an der Grenze der körnigen Blendebänder gegen den Anhydrit. Deutlich erkennt man das Eindringen des Anhydrits in tiefe Spalten inmitten der Blende, die in der Auflösung begriffene Randpartie der Blende, welche zur Loslösung von einzelnen Blendekristallen aus dem Blendeband führt, bis eine Unzahl von allotriomorph begrenzter Blendekriställchen in der kristallinen Anhydritmasse schwimmen. Selbst in der Nähe dieses Auflösungsrandes finden sich häufig Calcitkristalle, noch völlig intakt von der Blende eingeschlossen. Sehr verbreitet sind ferner feinste und gröbere Klüfte in der Calcit-Flußspat-Blende von Anhydrit ausgefüllt. Ein Beweis, daß die Anhydritbildung gleichzeitig mit dem Zerfall der von ihm vorgefundenen Lagerstätte erfolgte und bis zum Ende der Anhydritausscheidung angehalten hat.

Als Neuausscheidung erscheint neben dem Anhydrit lediglich das vorbeschriebene, hie und da sichtbare Pyritband. Ich möchte diese Bildung nicht auf eine Neuzufuhr von Eisen in die Lagerstätte zurückführen. Die Nachbarschaft desselben mit Resten nicht völlig resorbierter

Blende spricht dafür, daß das Eisen dieser untergeordneten Pyritbildung aus den gelösten Blendemassen stammt.

Die Vorgänge, welche sich im Erzkörper während der Anhydritbildung abgespielt haben, sind wohl folgendermaßen zu denken. Es ist eine starke Anreicherung der mineralisierenden Wässer an SO_2, ein völliges Versiegen der aufgedrungenen Fluoride und des H_2S erfolgt. Das Schwefeldioxyd hat bei dem Durchströmen der tieferen Teile des Wettersteinkalkes aus diesen bereits das Ca aufgenommen, enthielt demnach bereits bei Eintritt in die Erzzone gelösten Anhydrit, daneben aber auch noch SO_2. Die Löslichkeit der Metallsulfide, vor allem der Blende selbst, in schwach sauren Lösungen ist bekannt.[1] Die im mineralisierenden Wasser noch vorhandene Schwefelsäure setzte zunächst den in der Lagerstätte vorhandenen Calcit auch noch in Anhydrit um und hat dann die Blende, wenn auch in geringerem Maße, angegriffen. Wie die mikroskopischen Bilder beweisen, wurde aber auch der Flußspat gelöst. Der Absatz des Anhydrites in den durch die Lösung entstandenen Räumen erfolgte während des Zusammenbruches der Lagerstätte.

5. Zusammenfassung der Beobachtungen über die Entstehung der Lagerstätte

Aus dem Vorstehenden hat sich ergeben, daß der Aufbau der Bleiberg-Kreuther Lagerstätte in Form eines sehr komplizierten Vorganges erfolgt ist. Es sind fünf voneinander zeitlich getrennte Bildungsphasen zu unterscheiden, welche jedesmal die Neubildung anderer Mineralassoziationen zur Folge hatten. Der Vorgang der Vererzung kommt in dem auf S. 80 gegebenen Schema deutlich zum Ausdruck. Bei drei Phasen kam es zur teilweisen Resorption von bereits in vorangegangenen Phasen ausgeschiedener Mineralien. Am intensivsten war die Resorption in der letzten Phase der Anhydritbildung. Es muß demnach ein fünfmaliger Wechsel in der chemischen Zusammensetzung des aus der Tiefe in dem Wettersteinkalk aufsteigenden mineralisierenden Wassers eingetreten sein. Da wir wohl die Mineralbildungen der einzelnen Phasen und auch wahrscheinlich ebenso vollständig die stattgehabten Resorptionen kennen, aber sowohl über die chemische Beschaffenheit des jeweiligen mineralisierenden Wassers als auch über die bei den Resorptionen aus der Lagerstätte fortgeführten Verbindungen keine sichere Kenntnis haben, so bleibt unsere Kenntnis von dem tatsächlichen Verlauf der chemischen Vorgänge in den Lagerstätten zur Zeit der einzelnen Phasen auch heute noch recht theoretisch.

Für einzelne Mineralbildungen sind heute aber die Entstehungs-

[1] F. Rosenkränzer: Zeitschr. f. anorgan. Chem., 86, S. 319. 1914.

bedingungen, wenigstens in den Grundzügen, bekannt, aus diesen von vielen Forschern gemachten Vorarbeiten sind wir in der Lage, gewisse Vorgänge immerhin mit ziemlicher Wahrscheinlichkeit zu rekonstruieren.

Am wenigsten theoretisch sind die Vorgänge der Umwandlung des dichten Wettersteinkalkes in grobkristalline Calcitzonen. Für diesen Vorgang würde schon die Annahme des Durchströmens mäßig temperierter Wässer genügen, in Anbetracht des sehr groben Gefüges von Skalenoeder-Aufbau, ist die zeitweise Überführung des gelösten $CaCO_2$ in das Bikarbonat unter der Wirkung eines gleichzeitig CO_2 enthaltenden Wassers wahrscheinlich. Die Zufuhr von Blei in die Lagerstätte muß in löslicher Form erfolgt sein, da gleichzeitig Calcit gebildet wurde, muß auch zu dieser Zeit eine alkalische Beschaffenheit des Mineralisators angenommen werden. Die einfachste leicht lösliche Verbindung des Bleies ist $PbClO_3$, der Schwefel gelangte als H_2S gleichzeitig in die Lagerstätte. Das Cl ging an den Kalk und der S an das freiwerdende Blei. Diese zweite Phase ist diejenige der Haupterzbildung, des gleichmäßig in Kreuth und Bleiberg verteilten Bleiglanzes. Die Vererzung geschah von den Scharungszonen der oberen Wettersteinkalkbänke mit den O-W-Klüften aus in die Fugen der Wettersteinkalkbänke, von diesen in die Haarspalten des Wettersteinkalkes und von diesen metasomatisch in die Kalkbänke hinein. Durch die Erweiterung der Haarspalten infolge der metasomatischen Vererzung entstanden in großer Ausdehnung Bleiglanzbreccien. Es erfolgte die Metasomatose teilweise aber auch schon in der Form der „Schichtungsmetasomatose". Der Kalk wurde in feinen parallelen Zügen, welche durch kleinste Strukturunterschiede hiefür geeignet waren, schichtig in Calcit verwandelt und mit Bleiglanz vererzt.

Die folgende III. Phase nahm kompliziertere Formen an. Sie trat im Osten in Kreuth bedeutend intensiver ein, als im Bleiberger Revier. Die Phase ist durch die Bildung von Flußspat und von Schalenblende charakterisiert. Dieses bedeutet einen Eintritt von Fluor und Zink in die Lagerstätte. Da Allen und Crenshaw[1] fanden, daß sich Schalenblende aus sauren, Blende aus alkalischen Wässern absetzt, muß eine Azidität des mineralisierenden Wassers eingetreten sein. Wir nehmen den Eintritt von ZnF_2 und SO_2 in die Lagerstätte an. Es bildete sich Flußspat als Gel durch Zersetzung des Calcites der Bleiglanzlagerstätte, inmitten dieses mehr basischen Gemenges trat die Bildung isolierter Blendekristalle in den Flußspatgel statt. Dann erfolgte eine rhythmische Fällung des bei der Flußspatbildung freigewordenen Zinkes als Schalenblende und wiederum Flußspat mit isolierten, in ihm eingesprengten regulären Blendekristallen. Aus der Lagerstätte wurden Kohlenwasserstoff und Kohlensäure frei. Sehr schön ist die Resorption

[1] Zeitschr. f. anorg. Chemie, 90, S. 122, 143. 1914.

des Calcits am Flußspat und die geringere und langsame Resorption des Bleiglanzes an der Blende wahrnehmbar. Jeder Calcitrest ist von einer Zone neugebildeten Flußspats umgeben. Der in den Erzkörpern von Kreuth sehr verbreitete dunkle Flußspat ist auch heute noch amorph. In Bleiberg finden wir auch noch den Wettersteinkalk, welcher außerhalb der Bleiglanzlagerstätte liegt, durch „Schichtungsmetamorphose" in bedeutendem Umfang in Flußspat umgewandelt; zwischen den Flußspatschichten befinden sich noch dünne, schwach umkristallisierte Karbonatschichtchen. Überall ist eine Einsprengung isolierter Blendekriställchen im Flußspat wahrnehmbar. Anderseits bildete das Zinksulfit in seinen derben, reinen Absätzen die Modifikation der Schalenblende. Genau so, wie es bereits Weigel[1] beobachtet hat, ist aber die ursprünglich als Gel ausgeschiedene, sodann unter Schrumpfungserscheinungen der basalen Teile prismatisch hexagonal gewordene Schalenblende, heute in ein eng aneinander gelegenes Aggregat von regulären Blendekristallen umgewandelt worden. Auch Bernauer[2] sieht diese Umbildung als die normale an. Abweichend von den Auffassungen bei Bernauer ist der Vorgang einer Resorption von Bleiglanz an der Schalenblende. Er kennt nur gleichzeitig mit Blende und später als die Blende gebildeten Bleiglanz, während in Bleiberg-Kreuth der Bleiglanz sicher die ältere Bildung darstellt. Eine Verdrängung von Bleiglanz durch Blende beschreibt aber Blum vor Walckenraedt (bei Bernauer zitiert als Pseudomorphosen, 4. Nachtrag). Als charakteristisch für gleichzeitige Bildung von Bleiglanz und Blende ist nach Bernauer die Umhüllung der Bleiglanzoktaeder durch ganz lichte Blendeschichten, was an keiner Kreuther Stufe zu beobachten ist. Eine gleichmäßige Konzentration an Blei- und Zinksulfid liefert Bleiglanz in Oktaedern neben Schalenblende, eine stärkere Konzentration des Zinkes, Bleiglanz als „vererzte Bleiglanzskelette" und das Fehlen von Bleisulfat bewirkt eine Resorption bereits ausgeschiedenen Bleiglanzes. Nach Bernauer ist die Bildung von Blende aus alkalischer Lösung bevorzugt, Wurtzit fällt dagegen aus schwach saurer Lösung aus. Es ist diese Phase als eine Mineralbildung aus schwach saurer Lösung anzusehen.

Eng verbunden mit der Phase der Flußspatbildung ist diejenige, in welcher sich weiter Blende nun aber neben Baryt bildet. Während dieser Phase kommt es vor allem zur weiteren Resorption von Karbonat. Wir erkennen diese Phase in Kreuth in großer Ausdehnung am äußersten Rand der Erzkörper, dort, wo der noch nahezu unveränderte Wettersteinkalk von mit Blende und Baryt ausgefüllten Spalten versehen ist,

[1] Nachrichten der Ges. d. Wiss., Göttingen. Math.-phys. Kl. 1906.

[2] Die Kolloidchemie als Hilfswissenschaft der Mineralogie, S. 53. Berlin. 1924.

oder an einer dunklen Zone, welche vor die Vererzung in unzerklüfteten Wettersteinkalk vorgeschoben erscheint. Die feinste Schichtung dieser dunklen Zone besteht aus einer Wechselschichtung von lichtem Calcit und von dunklem Bitumen erfüllten, mit Blende und Baryt angereicherten Lagern. Die Blende ist in dieser Phase stets regulär körnig entwickelt. Das läßt auf den Eintritt wiederum alkalischer Lösungen schließen. Der Baryt entstand wahrscheinlich aus der Einwirkung von eingetretenem BaF_2 auf die vorhandenen Karbonate. Von besonderem Interesse ist das Vorhandensein von flüssigen Kohlenwasserstoffen in der vorerwähnten äußersten dunklen Zone am äußeren Rande der Erzsäulen besonders in Bleiberg und das gleichzeitige Vorkommen von Markasit in ihnen. Es wurde die Ansicht vertreten, daß bei der Vererzung der III. Phase aus der Zersetzung der Karbonate Kohlenwasserstoffe entstanden sind, von denen die flüssigen Glieder bis zum äußeren Rande der Erzzone vorgetrieben wurden. Hie und da findet sich aber auch inmitten der Blende-Baryt-Vererzung eine linsenförmig gestaltete, dunkel gefärbte, an Kalkkarbonat und Bitumen reiche Partie, in welcher es zur mehr oder weniger starken Ausscheidung von Markasit gekommen ist. Die Bildung von Markasit erfolgt in der Regel bei niederen Temperaturen, jedoch scheint in diesen Fällen das Bitumen als Katalysator bei dem Niederschlag des Eisensulfids als Markasit eine Rolle gespielt zu haben. Da nur geringe Azidität wegen des Vorhandenseins von viel Karbonat in Frage kommen kann, so ist eine Abnahme der Azidität mit der Blende-Flußspat-Bildung zur Blende-Baryt-Bildung anzunehmen.

Örtlich beschränkt und nur in Kreuth bekannt ist die lokal bedeutende Ausfüllung von Anhydrit. Diese IV. Phase entspricht dem Eintritt von reichlicher Schwefelsäure in den Erzkörper. Unter dem Einfluß der sauren Wässer setzte sich der Calcit in Anhydrit um und große Partien früher gebildeter Absätze gingen wieder in Lösung. Beobachtet wurde die Einlösung von Calcit, Blende und Flußspat, dagegen die Neubildung von Pyrit.

Als Abschluß der Mineralisierung betrachte ich die Bildung der mit Calcit als Bindemittel vor dem Rande der Erzkörper vielfach in Bleiberg und Kreuth beobachteten Wettersteinkalkbreccien, welche wiederum unter dem Einfluß an CO_2 reicher alkalischer Wässer erfolgte. Kein einziger Fall, in welchem es aber auch im Erzkörper zur Bildung von Calcit nach Abschluß der Vererzung gekommen wäre, ist mir bekannt geworden. In Kreuth treten am Rande des Erzkörpers in geringer Verbreitung Partien auf, in denen dunkelbraune Blende mit einem schneeweißen Mineral lagerweise wechselgeschichtet ist. Unter dem Mikroskop erscheint die Blende in der mehrfach im Vorstehenden beschriebenen Ausbildung der später regulär körnig gewordenen Schalenblende, die Blende-

	Zutritt in die Lagerstätte	Während der Vererzung		Charakter des Mineralisators	
		resorbierte Mineralien	neugebildete Mineralien		
I. Phase der CO_2-Zufuhr 1. randliche Zersetzung des Wettersteinkalkes lokal Eisen	CO_2 Eisenhydrokarbonat	Kalkstein	Calcit Breunerit	alkalisch	Erste Calcitbildung
II. Phase der Chloride 2. Bleiglanzbildung lokal Baryt in Tafeln	$PbClH_3 + H_2S$ $BaCl_2$	Kalkstein Calcit	Bleiglanz Baryt	alkalisch	Haupterzbildung (Bleiglanz) dem gebildeten Calcit folgend
III. Phase der Fluoride 3. Schalenblende + Flußspat	$ZnF_2 + SO_2$	Calcit Bleiglanz	Flußspat Schalenblende	schwach sauer	Blendebildung
4. Zinkblende + Baryt in Nadeln	$ZnF_2 + BaF_2 + H_2S$	Kalkstein Calcit	Baryt Blende Bitumen-Markasit	neutral	
Bildung des Wulfenits					Wulfenitbildung
IV. Phase der H_2SO_4 5. Absatz des Anhydrits	H_2SO_4	Kalkstein Calcit Flußspat Blende	Anhydrit Pyrit	sauer	Anhydritbildung
V. Phase der CO_2-Zufuhr 6. Calcit-Breccien außerhalb des Erzkörpers	CO_2	Kalkstein	Calcit	alkalisch	Kalkbreccien-bildung

schichten sind gegen die weißen Zwischenlagerungen zerbrochen, zerrissen, ohne Resorptionserscheinungen erkennen zu lassen. Das weiße Mineral ist ein Calcit (vielleicht vermengt mit wenig Smithonit), welcher partienweise die charakteristischen, wirr durcheinander gelagerten Barytnadeln einschließt. Da diese im Zustande der Auflösung auch innerhalb des Calcits zu beobachten sind, stellen diese Partien Teile der Blende-Baryt-Vererzung dar, in denen nach der Bildung eine Verdrängung des Baryts durch Calcit eingesetzt hat. Bei dieser Verdrängung ist es zum teilweisen Zusammenbruch der Blendeschichten gekommen. Die Einwanderung des Calcits muß nach der III. Phase der Vererzung und am ersten in der V. Phase der CO_2-Zufuhr in das Erzlager und seine Umgebung erfolgt sein.

Es läßt sich der Vorgang der Vererzung der Bleiberg-Kreuther Lagerstätte demnach in das nebenstehende Schema zusammenfassen.

Zum Schluß muß noch auf die Bildung der seltenen Mineralien eingegangen werden, welche sich im Bleiberg-Kreuther Revier nicht im Zusammenhang mit dem Haupterzkörper vorfinden.

Von Interesse ist besonders das Auftreten des Wulfenits, dem häufig Anflüge von Vanadinit beigesellt sind. Der Wulfenit ist in Bleiberg meist von lichtbrauner Färbung und erscheint überwiegend als ein Kristallaggregat von makroskopisch gut erkennbaren Kristallen mit Vertikalprisma und Pyramide. In Bleiberg erscheint er selten in lichtgelber Färbung, so wie er in Mies gefunden wird. Wulfenitanreicherung bis zu faustgroßen Kristallaggregaten finden sich in Klüften und Hohlräumen des Wettersteinkalkes. Brunlechner gibt an, daß sich in ihm nebst Ca auch Cu, Fe und Al gefunden haben. Die Färbung soll vom Kupfergehalt abhängen, die dunklen Varietäten enthalten 1,6% Cu, die lichten 0,4%. Kalziumoxyd soll zwischen 1,07—1,24 schwanken. Brunlechner beobachtete ferner, daß der Wulfenit auf zersetztem Bleiglanz angetroffen wurde. Mir ist ein direkter Lagerstättenzusammenhang mit Bleiglanz nicht bekannt geworden. So wahrscheinlich es auch ist, daß das Blei des Wulfenits aus resorbiertem Bleiglanz stammt, so sicher ist es, daß seine Bildung nicht mit dem Vorgang atmosphärischer Zersetzung des Bleiglanz zusammenhängt. Wulfenit findet sich in den immer seltenen Mengen in dem Bleiberger Baue ganz unabhängig von der Tiefe. Ich möchte seine Bildung mit den Resorptionsprozessen in Zusammenhang bringen, welchen der Bleiglanz in der III. Phase der Vererzung zur Zeit des Blende-Flußspat-Absatzes ausgesetzt war. Bisher hat sich die Herkunft des Molybdäns nicht klären lassen. Im Bleiglanz konnte dieses Metall nicht nachgewiesen werden, es besteht daher durchaus die Möglichkeit, daß die Mineralisatoren der III. Phase selbst etwas Molybdän aus der Tiefe heraufgebracht haben. Die Bildung des Wulfenits ist dementsprechend in der vorstehenden tabellarischen Zusammenstellung der Vererzungsphasen am Schlusse der III. Phase eingereiht worden.

Der größeren Bleiglanzkristallen mancherorts in Bleiberg aufsitzende helle Anglesit und der Cerussit sind dagegen Verwitterungsmineralien, welche mit der Vererzung des Wettersteinkalkes nichts zu tun habe.

V. Ursprung und Alter der Vererzung der Lagerstätte

Ein Zweifel darüber, daß die Tiefenwässer, aus denen die Erze und die sie begleitenden Mineralien abgesetzt worden sind, juvenil sind, kann nicht bestehen. Schon v. Cotta[1] hat im Jahre 1863 aufsteigende Mineralquellen als die Mineralisatoren angesprochen. Derartige Wässer werden seit Pošepny als profonde, von E. Suess als juvenile angesprochen. Ihre Herkunft wird durch die in neuester Zeit von Niggli[2] eingeführte Bezeichnung „telemagmatische Lagerstätten" am besten gekennzeichnet.

Unter telemagmatischen Lagerstätten werden solche verstanden, in welchen die neu gebildete Substanz aus der Entgasung eines in größerer Tiefe der Lithosphäre gelegenen und nicht nachweisbaren Magmaherdes stammt. Es ist bei ihnen der Zusammenhang mit dem letzteren nicht sichtbar. Die Bildung dieser Lagerstätten erfolgt bei niederer Temperatur, und zwar stets im Wege hydrothermaler Vorgänge durch aufsteigende wäßrige Lösungen. Die in der Lagerstätte eingeführten Elemente müssen in einer in Wasser löslichen Verbindung in die Lagerstätte gelangt sein. Lindgren[3] hat die hydrothermalen Lagerstätten neuestens in epithermale (nahe der Oberfläche gebildet), mesothermale (in oder nahe von Eruptivgesteinen) und hypothermale (desgleichen bei hohen Temperaturen und Drucken) eingeteilt.

Die Bleiberg-Kreuther Lagerstätte wäre ihrem Ursprunge und ihrer Entstehung nach in diesem Sinne als eine metasomatische mesohydrothermale Lagerstätte zu bezeichnen. In allen ihren unterschiedenen Phasen ist sie bei geringer Temperatur und bei geringem Druck entstanden. Ihr Bildungsort war auch nicht in der Nähe der Erdoberfläche gelegen, sie muß wegen ihrer bisher bereits nachgewiesenen Konstanz der Ausbildung in einer Tiefenerstreckung von 700 m von den höchsten bis zu den tiefsten Bauen durchwegs in größerer Entfernung von der Erdoberfläche entstanden sein.[4]

---

[1] Zit. s. o. S. 12.

[2] Versuch einer natürlichen Klassifikation der im weiteren Sinne magmatischen Lagerstätten. Abhandl. z. prakt. Geologie usw., I. 1925.

[3] A suggestion for the terminology etc. Econ. geology, 17, S. 292. 1922.

[4] Mit Recht hat Niggli gegen die Lindgrensche Einteilung der hydrothermalen Lagerstätten bestimmte Bedenken geäußert und bezeichnet es als fraglich, daß alle von Lindgren unter den epithermalen Lagerstätten aufgezählten Typen niedrigere Bildungstemperaturen besitzen als die meso-

Die metasomatische Lagerstättenform teilt die Bleiberg-Kreuther Lagerstätte mit den allermeisten ostalpinen Lagerstätten. Eine echte ausschließliche Gangformation findet sich in den Ostalpen im großen nur bei den Tauern-Gold-Pyrit-Kupferkieszügen. Die ganz vorherrschende metasomatische Lagerstättenform ist auf das Fehlen offener Klüfte, unter dem heute noch in den Ostalpen bei Tunnelbauten nachgewiesenen, gegen Nord gerichteten tektonischen Druck zurückzuführen.

Als ein in hydrothermalen Lagerstätten vorzugsweise auftretendes Element ist das auch in Bleiberg-Kreuth im Baryt vertretene Ba anzusehen. Auch Zn und Pb treten hydrothermal bedeutend häufiger und verbreiteter auf als pegmatisch-pneumatolytisch. Für die Bildung bei niederer Temperatur spricht ferner das Fehlen des Quarzes und die verbreitete Neubildung von Calcit. Dagegen ist das Auftreten von Fluor, Molybdän (wenn auch in untergeordneter Menge im Wulfenit) und Vanadium für diesen hydrothermalen Lagerstättentypus wenig charakteristisch und mehr für vulkanisch-pneumatolytische Lagerstätten bezeichnend. Die Bleiberg-Kreuther Lagerstätte erhält demnach inmitten anderer mesohydrothermaler Lagerstätten vor allem durch ihren Reichtum an Fluor einen besonderen Eigencharakter. Daneben ist das Fehlen anderer in diesem Typus meist vorhandener Elemente ebenso auffallend, besonders charakteristisch ist bei der vorwiegenden Beteiligung des Bleiglanzes an der Lagerstätte das nahezu völlige Fehlen des Silbers. Canaval[1] hat die gesamte Literatur und alle bekanntgewordenen Daten, welche sich auf das Vorhandensein von Ag im Bleiberger Bleiglanz beziehen, zusammengetragen. Es geht aus dieser Zusammenstellung hervor, daß ein sehr kleiner Ag-Gehalt, zirka 0,00005%, in einzelnen Teilen der Lagerstätte nachgewiesen werden konnte, daß sich aber Silber im Bleiglanz durch die gewöhnliche Makroanalyse kleiner Erzstücke nicht nachweisen läßt. Hand in Hand mit dem Fehlen des Silbers geht aber auch das Fehlen anderer beigemengter Metalle. Es ist gerade die außergewöhnliche Reinheit des aus dem Bleiberg-Kreuther Bleiglanz gewonnenen Bleies eine besonders hochgeschätzte Eigenschaft und macht das Bleiberger Blei zur Verwendung als Weichblei bedeutend geeigneter als beispielsweise das Blei aus den mediterranen Lagerstätten Sevillas und Sardiniens.

Andere Elemente, welche im Typus der mesohydrothermalen Lager-

---

thermalen. Bei der Betrachtung der alpinen Lagerstätten sehen wir Beispiele dafür, daß Lagerstätten zeitweilig mesothermal und in einer anderen Phase hypothermal erscheinen. Die große Sideritlagerstätte von Hüttenberg in Kärnten muß als solche dem mesothermalen Typus eingeordnet werden, zu den Zeiten, als aber Chalzedon und Antimonit (Steinmannit) in ihr erschienen sind, besaß sie hypothermalen Charakter. Auf Bleiberg-Kreuth trifft aber in allen Phasen der mesothermale Charakter zu.

[1] Über den Silbergehalt der Bleierze in den triassischen Kalken der Ostalpen. Zeitschr. f. prakt. Geologie, XXII, S. 157ff. 1914.

stätten auftreten, aber in Bleiberg-Kreuth fehlen, sind As, Sb, Sr. Es ist hiezu allerdings zu bemerken, daß das Sr gewissermaßen durch reichlich auftretendes Ba vertreten erscheint, während die vorwiegende Verbreitung von As und Sb mit hydrothermalen Lagerstätten verbunden ist, in denen Pyrit, Cu, Ag und Au auftreten; ihre Hauptverbreitung liegt außerdem in aus heißen Lösungen hervorgegangenen epihydrothermalen Lagerstätten. Bemerkenswerter ist eher das ganz untergeordnete Auftreten von Eisensulfid als Markasit und Pyrit in Bleiberg-Kreuth.

Innerhalb des Pb-Zn-mesohydrothermalen Lagerstätten-Typus verbleiben demnach der hohe Gehalt an Fluor und das Fehlen des Silbers als die hervortretendsten Kennzeichen der Bleiberg-Kreuther Lagerstätte. In zweiter Linie ist das fast völlige Fehlen des Eisensulfids und das Auftreten von Molybdän zu nennen.

Die ebenfalls in Form mesohydrothermaler Lagerstätten ausgebildeten Siderit- und Magnesitlagerstätten brauchen nicht besprochen werden, weil diese eine völlig abweichende Mineralisierung zeigen.

Niggli hat ausgeführt, daß die Metalle Pb und Zn als endogeosphäre Elemente der chalkophilen Reihe angehören, deren Verbreitung in der Erdtiefe eine größere ist als in der äußeren Lithosphäre.

Es entsteht die Frage, aus welchen Magmen die in der Bleiberg-Kreuther Lagerstätte eingewanderten Elemente stammen. I. E. Spurr[1] hat den Versuch gemacht, die Lagerstätten nach dem Auftreten der Metalle in ihnen auf die Entgasung bestimmter Silikatmagmen zurückzuführen. Er unterscheidet basische Magmen, aus welchen Chromit, Platin, Nickel und Ilmenit, intermediäre (granodioritische) Magmen, aus welchen Molybdän, Wolfram und Gold, und saure Magmen, aus denen Zinn, Wolfram und Molybdän entweicht. Bezüglich der Blei-Zinklagerstätten kommt Spurr zu dem Resultat, daß sie keinerlei engere Beziehungen zum Kieselgehalt der Magmen besitzen. Niggli knüpfte neuerdings an Spurr an und versucht, den Metallcharakter der Lagerstätten nicht nur mit der Azidität der Ursprungsmagmen zu verbinden, er glaubt eher einen Zusammenhang mit der pazifischen und atlantischen Provinz der Magmen zu erkennen. Ohne näher auf seine sehr interessanten Ausführungen einzugehen, hebe ich nur hervor, daß Niggli fand, daß die Blei-Zink-Lagerstätten der Erde ebensowenig eine Beziehung zu einer dieser Magmenprovinzen haben. Ihr besonderes Merkmal besteht geradezu in ihrer allgemeinen regionalen Verbreitung über die Gesamterde. Die Blei- und Zinklagerstätten bezeichnet Niggli daher als apomagmatisch. Wo wir aber imstande sind den für sie charakteristischen Mineralbestand in der Tat mit Magmen in direkten Zusammenhang zu

[1] The ore Magmas. New York und London. 1923.

bringen, da sind die Magmen stets von basischem Charakter. Niggli führt daher nicht nur die ostalpinen Blei-Zink-Lagerstätten, sondern, wie beiläufig erwähnt sei, auch die Siderit- und Magnesitlagerstätten auf in der Tiefe des alpinen Orogens befindliche basische Magmen zurück.

Es hat allen Anschein, daß wir auf Grund direkter Beobachtung diesen allgemein von Niggli gezogenen Schlußfolgerungen zustimmen müssen. Wir kennen basische Magmen, Basalte, am Ostrand wenn auch nicht aus dem Inneren der Ostalpen und das Alter der Aufbrüche dieser Magmen, die Zeit des Erscheinens dieser basaltischen Magmen steht in gutem Einklang mit dem Alter oder der Zeit der Entstehung der Bleiberg-Kreuther Blei-Zinklagerstätte.

Was zunächst das Alter der Entstehung unserer Erzlagerstätte betrifft, so hat sich aus den in Abschnitt III und IV dieser Abhandlung dargelegten Zusammenhängen zwischen der Tektonik der Gailtaler Alpen und der Entstehung der Lagerstätte bestimmt ergeben, daß die letztere entstanden ist, als die Tektonik bereits abgeschlossen war. Es ist wahrscheinlich, daß die ersten Phasen der Vererzung sogar erst eine gewisse Zeit nach Abschluß der Tektonik einsetzten, um sodann bis zur V. und letzten Phase über eine lange Zeit anzuhalten. Die Vererzung setzte erst ein, als die alle älteren tektonischen Phasen durchsetzenden vorletzten O-W-Klüfte, an denen kaum eine tektonische Bewegung mehr ausgelöst wurde, entstanden waren. Kurz nach dem Auftreten, als diese Klüfte noch offen waren und den juvenilen Magmawässern, den Mineralisatoren, allein einen Weg des Aufstieges wiesen, setzte die Vererzung ein. Die Tektonik der Gailtaler Alpen ist aber diejenige der Karawanken, diese bilden die natürliche westliche Fortsetzung der nördlichen Karawankenkette. Die Tektonik der nördlichen Karawankenkette ist aber längst als eine sehr junge erkannt worden. Ihre Hebung ist nach dem Untermiozän erfolgt. Die untermiozäne Kohle, welche vor dem Nordfuß in der Sattnitz größtenteils unter dem Talboden der Drau und der Glan gelegen ist, durch den Nordvorschub der Karawanken bei St. Margarethen in Falten gestaut und überschoben erscheint, befindet sich östlich Eisenkappel hoch auf dem Rücken der Karawanken in einer Meereshöhe von über 1000 m. Die gegen Nord gerichtete tektonische Bewegung innerhalb dieser Karawankenkette fand frühestens nach der II. Mediterranstufe ihren Abschluß. Wahrscheinlich ist es, daß mit dem Emporsteigen der Karawanken der Aufstieg des Remschniggzuges in zeitliche Verbindung zu bringen ist, für welchen Winkler neuerdings auf Grund der Untersuchung des Tertiärs im weststeirischen Becken eine genauere Zeitbestimmung zu erbringen vermochte. Nach Winkler[1] hätte der Aufstieg

[1] Zur geomorphologischen und geologischen Entwicklungsgeschichte der Ostabdachung der Zentralalpen in der Miozänzeit. Geolog. Rundschau, XVII, S. 36ff. 1926.

des Remschnigg- und Poßruckgebirgszuges, welche den Südrand der weststeirischen Miozänbucht, östlich des Südfußes der Koralpe nördlich der Drau bilden, an der Wende vom älteren zum höheren Miozän, also im mittleren Miozän stattgefunden. Die Bildung des Leithakalkes und der folgenden sarmatischen Schichtenfolge erfolgte am Nordrand des Poßruck-Remschnigg-Zuges diskordant auf hoch gehobenen und leicht gefalteten Repräsentanten des Schlier. Nach unseren derzeitigen Erfahrungen muß der Aufstieg der Karawankenkette und der Gailtaler Alpen daher vor dem Beginn des Sarmatikums angenommen werden. Die mächtigen groben Konglomerate des Sattnitzplateaus sind die dem Aufstieg des neuen Hochgebirgszuges entsprechenden Zerstörungsprodukte. Ich[1] bin bereits im Jahre 1924 für die Erhebung der Karawankenkette zu diesem Zeitpunkt eingetreten. Man könnte nun der Ansicht sein, daß der junge Aufstieg der Karawankenkette nicht mit der Zeit der Ausbildung der Tektonik gleichbedeutend sei, sondern daß der Aufstieg nur in einer Aufwölbung des bereits aus älteren Zeiten tektonisch struierten Gebirges bestanden habe. Diese Anschauung wird man schwer gelten lassen können. Eine solche von der durch den Bergbau in ihren feinsten Einzelheiten aufgedeckten Tektonik aufgewölbte Gebirgszone hätte sicher zu neuen Zerreißungen und Verlagerungen geführt, deren Existenz der Bergbau jedenfalls aufgedeckt hätte. Vor allem müßten in den Erzkörpern, falls auch diese den Emporstieg des Gebirges mitgemacht hätten, Verlagerungen sichtbar sein, was nicht der Fall ist.

Als vorletzte Kluftbildungen in dem tektonischen Bild der Gailtaler Alpen sind im II. Abschnitt dieser Abhandlung die O-W-Klüfte festgestellt worden, an welche die Erzkörper gebunden erscheinen. Dementsprechend könnte die Vererzung der Bleiberg-Kreuther Lagerstätte frühestens im Sarmatikum eingesetzt haben und möglicherweise bis ins Frühpliozän, bis in die pontische Zeit angedauert haben. Jedenfalls spricht der komplizierte Werdegang der Lagerstätte, bei deren Entstehung ein fünffacher Wechsel in der chemischen Zusammensetzung der die Vererzung herbeigeführten juvenilen Wässer für eine sehr lange Dauer ihres Werdeganges.

Es fällt diese Zeit der Entstehung der Lagerstätte dann aber mit dem Erscheinen der steirischen und ostalpinen jüngeren Basalte zusammen und würde dieser zeitliche Zusammenhang die genetische Beziehung der an der Bildung der Erzlagerstätte beteiligten juvenilen Wässer zu dem Basaltmagma wahrscheinlich erscheinen lassen. Unter den Basalten am Ostrande der Alpen ist derjenige von Weitendorf b. Wildon, südlich Graz, der nächstgelegene. Nach einer längeren Diskussion[3] können wir den

---

[1] A. Tornquist: Intrakretazische und altertiäre Tektonik der östlichen Zentralalpen. Geolog. Rundschau. XIV. S. 144. 1924.

[2] Man vergleiche die jüngste der zahlreichen Publikationen von H. Leit-

Weitendorfer Basalt heute auf Grund der durch ihn aufgerichteten Schichten als jünger als die tonig-sandigen Äquivalente der II. Mediterranstufe und als älter als den Belvedereschotter (Oberpliozän) betrachten. Es würde für seinen lakkolithischen Aufstieg demnach nur ein sarmatisches oder pontisches Alter in Frage kommen. Bringen wir den Aufstieg des Weitendorfer Basaltes mit den zahlreichen übrigen Basaltvorkommnissen der südöstlichen Steiermark in Verbindung, so würde sich sein Alter noch näher präzisieren lassen. Winkler bringt die Basalte des Stradener Kogels und die benachbarten Vorkommnisse, ferner die basaltischen Tuffberge der Riegersburg und bei Feldbach mit Störungen in Zusammenhang, welche die sarmatischen Schichten noch betroffen haben und welche besonders deutlich den Ostrand der in breitem Zuge über Tag erscheinenden sarmatischen Zone (sogenannten sarmatischen Aufbruch) von Groß-Pesendorf, Etzersdorf bis Grossau, östlich Gleisdorf, begrenzen. Nach Winkler[1] haben diese Basaltausbrüche während des Jungpliozäns (der pontischen Stufe) stattgefunden. Derselbe[2] hat im Jahre 1913 ein Profil aus dem Klöcher Massiv beschrieben, in welchem eine der dieses Massiv zusammensetzenden Basaltdecken, Schotter- und Sandschichten im Hangenden der Kongerientegel aufgelagert ist. Wir dürfen daher das Erscheinen mindestens des Großteiles der oststeirischen Basalte in das Ende des unteren Pontikums versetzen. Neuerdings glaubt Winkler[3] das Alter der Basaltausbrüche im östlichen steirischen Bechen als oberpontisch ansprechen zu müssen.

Ein besonderes Aufsehen hat in den letzten Jahren der Nachweis jungvulkanischer Effusivgesteine innerhalb der Ostalpen erregt. Ein schon von Pichler 1863 beschriebenes Vorkommen eines jungen Bimssteintuffes von Köfels bei Umhausen im mittleren Ötztal ist neuerdings auf das genaueste von Hammer[4] untersucht worden. Derselbe ist der Ansicht, daß es sich um einen Lakkolith handelt, welcher in postglazialer oder höchstens interstadial-glazialer Zeit aufgestiegen ist. Zu der gleichen Anschauung gelangte Penck. Ein anderes ebenfalls postglaziales Bimssteinvorkommen glaubt Klebelsberg[5] bei Elvas, unweit Brixen, ge-

meier: Die Altersfrage des Basaltes von Weitendorf in Steiermark. Mitt. d. naturw. Ver. f. Steiermark, 46, S. 335. 1910.

[1] Untersuchungen zur Geologie und Paläontologie des steirischen Tertiärs. Jahrb. d. k. k. geol. R. A., 63, S. 616, 617. 1913.

[2] Das Eruptivgebiet von Gleichenberg in Oststeiermark. Ebenda, 63, S. 466. 1913.

[3] Föltany Közlöny. 55. S. 379. 1926.

[4] Sitzungsber. d. Akad. d. Wiss. Wien. Mathem.-naturw. Kl., Bd. 132, S. 329. 1923. Auch Zeitschr. f. Vulkanologie, 8, S. 238, 1924, und A. Penck: Der postglaziale Vulkan von Köfels im Ötztal. Sitzungsber. d. Preuß. Akad. d. Wiss., phys.-math. Kl., S. 218. 1925.

[5] Ein Vorkommen jungvulkanischen Gesteins bei Brixen (Südtirol), Zeitschr. d. Dtsch. geol. Ges., 77, S. 269 (Monatsberichte). 1925.

funden zu haben. Mit diesem jüngsten Vulkanismus wird man den Vererzungsvorgang nicht in Verbindung bringen können. Wäre die Vererzung der Lagerstätte eine so junge, so müßte sich in ihr die heute bestehende Orographie, die heutige Gestalt des Erzberges, des Bleiberger Tales und des Dobratsch abbilden. Die bereits mehrfache Betonung des Anhaltens der Zusammensetzung der Erzsäulen von der Sohle der oberflächlichen Verwitterungszone bis in die bisher erreichten bedeutenden Teufen läßt die Annahme eines postglazialen Alters der Lagerstätte nicht zu.

Wir können den Ursprung der Mineralisatoren der Lagerstätte demnach nur auf Magmen zurückführen, welche gerade zu jener Zeit exhaliert haben, als die Basalte aus der Tiefe emporgestiegen sind. Der Vererzungsvorgang dürfte demnach im Jungsarmatikum vielleicht schon begonnen, aber im mittleren und oberen Pontikum seine Hauptphasen erreicht haben, um dann zum Abschluß gekommen zu sein. Die Annahme des Zusammenhanges der Lagerstätte mit den pontischen Basalten wird durch einige andere Beobachtungen bekräftigt. In den pontischen Basalten treten Zeolithe aus, welche der letzten Phase der Erstarrung der Basaltlaven entstammen, sie sind sehr genau von A. Sigmund[1] studiert worden, und neuerdings hat auch F. Machatschki[2] einen neuen Beitrag zu ihrer Kenntnis gebracht. Uns interessiert vor allem die Entdeckung des Harmotoms, eines Ba-Zeolithen, in den Hohlräumen des Weitendorfer Basaltes. Die innige genetische Beziehung des Harmotoms zu der Blende-Bleiglanz-Baryt-Erzformation ist bekannt. Harmotom findet sich in Andreasberg i. Harz selbst auf der dortigen Blende-Bleiglanz-Quarz-Baryt-Lagerstätte. Machatschki spricht die Ansicht aus, daß die Bariumzeolithe von Weitendorf wegen der vollkommenen Frische der Feldspate im Basalt nicht sekundär durch Auslaugung von Bariumsilikat aus diesen Feldspaten entstanden sein können, „sondern daß sie sich aus thermalen Restlösungen, die demselben Magma wie der Basalt selbst angehörten, primär gebildet haben". — Es wird durch diesen Fund die Ansicht, daß die Mineralisatoren der Bleiberg-Kreuther Lagerstätte aus einem Basaltmagma aufgestiegen sind, welches demjenigen, aus welchem der Weitendorfer Basalt erstarrte, entspricht, nicht wenig bekräftigt. Man könnte diesem Schluß den Einwand der großen räumlichen Entfernung gegenüberstellen, es muß aber daran erinnert werden, daß die gleiche Bleiglanz-Blende-Vererzung, wie sie in den Gailtaler Alpen angetroffen wird, in dem gesamten Nordzug der Karawanken bis zum Ursulaberg und anscheinend auch bei Heiligengeist

[1] Neuer Beitrag zur Kenntnis des Basaltes von Weitendorf usw. Mitt. d. Naturw. Ver. f. Steiermark, 60, S. 76. 1923.

[2] Ein Harmotomvorkommen in Steiermark. Zentralbl. f. Min., Geol. u. Pal., S. 115. 1926.

auf dem Remschniggzug ausgebildet ist. In diesem befinden wir uns bereits dem Ostrand der Alpen, an welchem auch der Weitendorfer Basalt vorhanden ist, sehr nahe und was für die Herkunft der Mineralisatoren der östlichen Teile des Bleiglanz-Blende-Lagerstättenzuges gilt, muß in gleicher Weise auch für die westlichen Teile in den Gailtaler Alpen Geltung haben.

Siegmund und *Machatschki* haben auch die Reihenfolge der im Weitendorfer Basalt aus späten wäßrigen Exhalationen entstandenen anderen Zeolithe erkannt, ihre Bildung geschah in der folgenden Reihenfolge:

zuletzt	Calcitbildung	aus Wässern unter 30°
	Natrolith (Na-Zeolith) bildung	
	Haulandit-Harmotom (Ba-Zeolith)-bildung	
	Phillipsit (Ca-Zeolith) bildung	
	Quarz-Calcit	
	Chalcedon	aus warmen Wässern über 30°
zuerst	Aragonit	

Wir erkennen an dieser Reihenfolge genau so wie bei den festgestellten Vererzungsphasen in Bleiberg-Kreuth verhältnismäßig späte Ba-Exhalationen.

Das Resultat dieser Betrachtung ist, daß die Mineralisatoren, welche die Vererzung der Bleiglanz-Blende-Lagerstätte der Nordkarawanken und der Gailtaler Alpen bewirkt haben, Minerallösungen aus einem Magma waren, aus welchem die pontischen Basalte am Ostrand der Alpen herzuleiten sind.

Wiederholt ist die Frage aufgeworfen, ob die heute in Villach-Warmbrunn austretende Therme etwa noch Stoffe aus der Tiefe bringt, welche in der Bleiberger Erzlagerstätte vorhanden sind. Nachdem die Erzlagerstätte aber das Bild einer in sich abgeschlossenen Vererzung mit einer deutlichen Endphase erkennen läßt, und wir infolge des Fehlens eines Teufenunterschiedes in derselben und infolge der Feststellung aller Merkmale einer in mittlerer Erdtiefe erfolgten Vererzung keine Abhängigkeit der Vererzung vom heutigen Relief feststellen können, so muß der Vererzungsvorgang bereits im Tertiär zum Abschluß gekommen sein. Das heute in den Villacher Thermen aufsteigende Wasser muß daher eine wesentlich andere Zusammensetzung zeigen als die Mineralisatoren, welche vererzt haben. Nach *Mitteregger*[1] enthält die Villacher Therme (29° C):

[1] Kärntens Mineral- und Heilquellen. Jahrb. d. naturh. Landes-Museums von Kärnten, S. 164. 1899.

Freie Kohlensäure. . .	0,1420‰
$CaCO_3$.	0,1030‰
$MgCO_3$.	0,0301‰
$CaSO_4$.	0,0103‰
Al_2O_3	0,0050‰
NaCl.	0,0021‰

Aus diesen gelösten Salzen kann in der Tat kein Zusammenhang mit der Bleiberger Erzlagerstätte abgeleitet werden.

VI. Die regionale Bedeutung der gewonnenen Resultate für die Tektonik und Vererzung der Gailtaler Alpen und der Karawanken

a) Die Blei-Zinkerz-Lagerstätten

Das Studium der Literatur über andere Blei- und Zinkerzreviere in den Gailtaler Alpen und in der nördlichen Karawankenkette ergibt, daß die Verknüpfung von Tektonik und Vererzung, wie sie in dem Bleiberg-Kreuther Revier festgestellt werden kann, mit gewissen Einschränkungen und lokalen Abweichungen in gleicher Weise in anderen Blei-Zinkerzlagerstätten der Gailtaler Alpen und Nordkarawanken besteht und daß sich auch die Bildung dieser Lagerstätten ähnlich vollzogen hat.

Nördlich des Bleiberger Erzberges befindet sich das Zink-Bleierzrevier von Rubland. Diese Lagerstätte tritt ebenso wie die Bleiberger in Hangendbänken von Kalken auf, welche von einem Schieferhorizont überlagert werden. Wahrscheinlich gehören diese Kalke nach R. Rosenlecher[2] aber nicht dem Wettersteinkalk, sondern dem Muschelkalk, und die Schiefer nicht dem Raibler Niveau, sondern den Partnachmergeln an. In Rubland zeigen die Kalke ein nördliches Verflächen von 40 bis 45^0 und streichen im allgemeinen von West in Ost. Sie werden von steil stehenden, meist West-Ost streichenden Klüften, die teilweise dicht nebeneinander stehen, geschnitten. Die Scharung beider bezeichnet, genau so wie in Kreuth und Bleiberg, die Lage der Erzkörper. „Die Erzmassen haben die Gestalt eines plattgedrückten Schlauches, dessen Breitenrichtung bald senkrecht steht, bald mehr oder weniger geneigt ist, bald ganz flach liegt; dessen Längsrichtung je nach der Richtung der Kreuzlinie sich in die Tiefe zieht und in diesem Bergrevier bis zu zirka 120 m Länge gefunden wurde. Nicht immer jedoch ist diese Form so deutlich ausgesprochen, bei nur wenig eingehender Untersuchung glaubt man je nach dem Zusammentreten mehrerer Erzschläuche und der Fallrichtung der Erzklüfte bald ein stockähnliches Vorkommen, bald eine gangförmige Lagerstätte unterscheiden zu müssen. Besonders tragen hiezu die auf zahlreichen Nebenspalten gebildeten kleineren Erzdepots bei, welche die Deutlichkeit der Grundform oft

[2] Die Zink- und Bleibergbaue bei Rubland usw. Zeitschr. f. prakt. Geologie, S. 80ff. 1894.

stark verdecken.“ Die Mächtigkeit der Lagerstätte übersteigt meist 0,50 bis 0,75 m nicht.

Die Vererzung zeigt teilweise überwiegend Bleiglanz, meist aber ein starkes Überwiegen der Zinkblende und schließlich kiesige (Bleiglanz) Blendebildung. In der bleiigen Blendeausbildung der Lagerstätte erscheint Schwefelkies untergeordnet, aber gleichmäßig verteilt. Reichlicher Schwefelkies, innig mit Bleiglanz und Blende gemengt, kann sich in der kiesigen Bleiglanz(Blende)lagerstätte örtlich zeigen. Baryt ist verbreitet und innig mit Blende vermischt oder zwischen ihr in dünnen Schichten eingeschaltet. Flußspat soll in nur geringer Menge auftreten. Diese Kennzeichnung der Rubländer Lagerstätte zeigt, daß der in ihr vorhandene größere Blendereichtum auf die bedeutendere Blende- und Barytausscheidung zur Zeit des vierten Vererzungsvorganges, in der zweiten Hälfte der III. Phase der Vererzung (vgl. Tabelle, S. 80) zurückzuführen ist, dagegen scheint der dritte Vererzungsvorgang (Bildung von Blende-Flußspat) in Rubland untergeordneter eingetreten zu sein. Jedenfalls ist eine größere Verwandtschaft der Rubländer Lagerstätte mit Kreuth als mit Bleiberg erkennbar. Rubland zeigt die gleiche geologische Anlage der Erzsäulen an der Scharung von O-W-Klüften mit Kalkbänken, welche geneigt sind, lediglich das stratigraphische Niveau der Kalke ist mindestens teilweise ein stratigraphisch tieferes. Die Blendevererzung ist eine ausgiebigere selbst als die in Kreuth gewesen, sie erfolgte nach den vorliegenden Angaben besonders zur Zeit der Blende-Barytbildung sehr reichlich. Abweichend ist der reichlichere Absatz von Schwefelkies (als Markasit?) und von fein verteiltem Quarz, der erstere soll innig mit Bleiglanz und Blende gemengt sein; es ist die Zeit des Absatzes dieser Mineralien ohne mikroskopische Untersuchung von Rubländer Erzstufen nicht zu bestimmen.

13,5 km westlich Kreuth, südwestlich der Graslitzen (2044 m) bei Förolach, befindet sich das Schurfgebiet des Zuchengrabens[1], in welchem ebenfalls überwiegend Blende angetroffen worden ist, neben Bleiglanz, Flußspat, Calcit und Sulfiden als Einschlüsse in Schiefer. Canaval[2] hat über die dort getätigten Aufschlüsse berichtet. Die Lagerstätte ist hier wiederum mit dem Raibler Horizont verknüpft und tritt in Kalken auf, welche nach 16^h und 19^h streichen und mit 80^0 in S verflächen. Canaval ist der Ansicht, daß die Erze nur teilweise im Wettersteinkalk sitzen, zum Teil dürften die vererzten Kalke Bänke im Kardita-kalk des Raibler Niveaus darstellen. Da die Erzmittel in Schichtfugen eines nach 16^h streichenden Kalkes gegen 14^h streichend verfolgt wurden, dürfte es auch im Zuchengraben Vererzung an der Scharung mit steilen

[1] Die Lage dieser Bergbaue ist aus der Karte S. 9 ersichtlich.

[2] Bemerkungen über einige Erzvorkommen am Südabhang der Gailtaler Alpen. Carinthia, II. 1906.

O-W-Klüften geben. Canaval kennzeichnet das Vorkommen im Zuchental aber im Gegensatz zu den Erzsäulen in Bleiberg-Kreuth als im allgemeinen lagerförmig und der Ausbildung auf der später zu besprechenden Lagerstätte von Radnig entsprechend. Als beachtenswert hebt Canaval hervor, daß die Lagerstätte stellenweise eine durch Calcitzement verbundene Breccie von Bleiglanz, Blende und Kalksteinfragmenten zeigt, deren Entstehung vielleicht der V. Vererzungsphase (vgl. Tabelle, S. 80) angehört. Dann treten wieder Stufen im Hauwerk auf, welche Bleiglanz, Blende, Flußspat und Calcit enthalten, so daß auch der dritte Vererzungsvorgang (Beginn der III. Phase) deutlich erkennbar ist. Auch die Anreicherung eingeschlossener Schieferpartien an „Sulfiden" (Markasit?) würde gleichen Vorkommen in Bleiberg-Kreuth entsprechen. Ebenso wie in Kreuth dringt die Blende stellenweise auch in die Klüfte des Kalkes ein, diese Form der Vererzung wurde auf S. 68 als die randliche Vererzung des Kalkes zur Zeit der Blende-Baryt-Vererzung beschrieben. Baryt wird von Canaval aber vom Zuchengraben überhaupt nicht erwähnt.

9 km weiter westlich befindet sich nördlich Hermagor der ebenfalls von Canaval[1] beschriebene Blei-Zinkerzbergbau von Radnig.[2] Die Radniger Lagerstätte ist eine vollkommen lagerförmige. Eine 1 m mächtige vererzte Kalkbank des Wettersteinkalkniveaus ist in diesem Bergbau wie ein Kohlenflöz abgebaut worden. Die Lagerstätte ist gegenüber der Bleiberg-Kreuther dadurch ausgezeichnet, daß sie nicht an Querstörungen angelegt ist, sondern die durchgehend lagerförmige Vererzung einer Wettersteinkalkbank unter einem Raibler Schieferniveau darstellt. Wie in Bleiberg-Kreuth wird die Lagerstätte von Radnig von Nord-Süd streichenden, nach der Vererzung gebildetem Verwerfern gequert. In den oberen Teufen sind Anzeichen atmosphäriler Verwitterung durch die Bildung von Gips aus Markasit und das Auftreten von Smithonit und Greenockit bemerkbar. Der Bleiglanz ist in der Mitte der Bank angereichert, die Blende jeweils im Hangenden und Liegenden und dann als äußerste gelbe Schalenblendekrägen. Der Flußspat hat eine große Ausdehnung in der Lagerstätte, derselbe umkrustet dolomitische Kalksteinrelikte, über dem Flußspat sitzt jüngerer Baryt und über ihm jüngster Calcit. Die Blende ist den Flußspatkrusten eingeschaltet, findet sich aber auch in schmutzigweißen Calcitstreifen. Am äußersten Rand der Erzkörper stellt sich weißer Calcit ein, welcher noch den tauben Wettersteinkalk an Klüften durchzieht. Sehr schön ist die Sukzession der Mineralien nach Canaval in Drusenausfüllungen inmitten

[1] Bemerkungen über einige Erzvorkommen am Südabhang der Gailtaler Alpen. Carinthia, II. 1906.

[2] Die Blei- und Zinkerzlagerstätte des Bergbaues Radnig. Carinthia, II, S. 60. 1898.

des Erzlagers zu erkennen. Der Sukzession in Bleiberg-Kreuth vollständig entsprechend werden dunkle Gesteinsbruchstücke von trüb durchscheinendem Flußspat umkrustet, welche mit Fluoritwürfeln bekleidet sind, über ihnen folgt schneeweißer, grobspätiger Baryt. In einer anderen Erzstufe wurde zwischen Barytkörnchen eingeschlossen ein opakes schwarzbraunes Bitumenpigment erkannt, in welches gerundete Calcitkörnchen, welche wir nach Canavals Beschreibung als Resorptionsreste ansprechen können, und gelblichgraue Blendekristalle eingesprengt sind. Der Radniger Bergbau beweist demnach, daß die Vererzung der Gailtaler Alpen von Bleiberg-Ost bis Hermagor zur gleichen Zeit und mit den gleichen in dieser Abhandlung für Bleiberg-Kreuth erkannten Phasen der Substanzzufuhr stattgefunden hat. Nach dieser Erkenntnis bedarf es keines Beweises mehr, daß die Vererzung der Gailtaler Alpen nicht wie Hoefer, Makuc und Brunlechner gemeint haben, durch Lateralsekretion, d. h. durch Anreicherung von Substanzen erfolgt sein kann, welche ursprünglich in den Triassedimenten in feiner Verteilung sedimentär enthalten gewesen sind, sondern daß diese komplizierte, über eine so große Entfernung vollkommen gleichartig in mehreren chemisch bestimmt definierten Prozessen erfolgte Vererzung nur durch Zutritt wiederholter, chemisch voneinander erheblich abweichender Mineralisatoren aus der Tiefe erfolgt sein kann.

Unsere Kenntnisse von der östlichsten Blei-Zinklagerstätte im Zuge der Gailtaler Alpen, des Kolm bei Dellach im Drautal und Scheinitzen westlich Oberdrauburg, bereits nördlich des Drautales, sind leider noch recht lückenhaft und ist es aus der Beschreibung von Sußmann[1] ohne die neuerliche Untersuchung von Erzstufen nicht möglich, ein Urteil über den hier stattgefundenen Vererzungsvorgang zu gewinnen. Am Kolm bei Dellach sind ostwestlich (5^h bis 6^h) streichende Verwerfer, an denen teilweise ein gegen Süden gerichtetes Verflächen beobachtet werden konnte, vorwiegend mit Bleiglanz vererzt. Die bisher in der Grube aufgeschlossenen Teile solcher Gänge sind aber durch Grundwasser so stark zersetzt und ausgelaugt, daß über das Vorkommen von Begleitmineralien in ihnen nichts Sicheres ermittelt werden konnte. Wo diese Gänge wahrscheinlich dem Muschelkalk, teilweise aber vermutlich auch dem Wettersteinkalk angehörige, im ersten Falle von Partnach-Mergeln (von Sußmann als Wengener Schichten bezeichnet) überlagerte, Kalkbänke kreuzen, tritt die Vererzung auch von den Schichtflächen der Kalke aus in diese selbst metasomatisch über. Die Vererzung der Kalke besteht fast ausschließlich aus metasomatisch in den Kalk eingesprengter und feinst verteilter Zinkblende. Bleiglanz tritt nur unter-

[1] Zur Kenntnis einiger Blei- und Zinkerzvorkommen der alpinen Trias bei Dellach im Oberdrautal. Jahrb. d. k. k. geol. R. A., S. 265. 1901.

geordnet auf. Eine eingehende mikroskopische Untersuchung und der Nachweis anderer Mineralien steht noch aus, über den Vorgang der Vererzung kann daher kein Urteil abgegeben werden. Die Blende ist in den bisher über dem Grundwasserspiegel bis hoch am Berg aufgeschlossenen Grubenteilen durch Atmosphärilien bereits mehr oder weniger in Galmei umgewandelt worden. Sußmann beschreibt eine Erzstufe, welche im Kalkstein einen Einschluß enthält, in welchem ein wenig Bitumen enthaltender Calcit, Bleiglanz, Blende und Markasit eingesprengt sind. Die Blende erscheint meist in isolierten Kristallen, aber auch in Schnüren, in ihrer Nähe und in der Umgebung des Markasits tritt Baryt in kleinen Körnern auf. Auch diese Erzstufe dürfte in Anbetracht der Führung von Galmei aber bereits durch Atmosphärilien ausgelöst sein.

Vom Bergbau Scheinitzen beschreibt Sußmann in 5^h bis 6^h streichende, in N verflächende Kalksteinbänke, welchen einige wenig mächtige Schieferpartien eingelagert sind. Die Schichtenfolge wird von in $5\frac{1}{2}^h$ streichendem Verwerfer gekreuzt. Die Erzführung der Kalksteinbänke ist auf der vorhandenen Strecke bis 2 m Entfernung von dem Verwerfer beschränkt. Die vererzten dunklen Kalke bestehen aus Calcit- und Dolomitkörnern, zwischen denen große Blendepartien eingesprengt sind, daneben tritt Markasit teilweise in der gleichen Grundmasse, teilweise in Schnüren auf. In der Nähe des Markasits sind die Calcitkörner viel größer und die Bitumeneinlagerungen geringer als im normalen Kalkstein.

Im nahe gelegenen Pirknergraben ist nach Sußmann ein 0,6 bis 1 m mächtiges Erzmittel in der Richtung der Schichtflächen auf 6 m lagerförmig verfolgt worden. Das erstere besteht aus dunklem Fluorit, in welchem viel Bitumen sowie winzige Calcit- und Barytkörner auf treten. In diese sind große, hellgelbe, zerlochte und ausgelappte Zinkblendeindividuen, Markasitaggregationen und große Calcitkörner, letztere mit sehr deutlichen Resorptionsrändern, eingestreut. Die Blende wird von Markasit umschlossen und letzterer konturiert sich nach Flußspat ab. Der Baryt ragt vielfach spitzig in den Flußspat hinein. Dieses Bild entspricht dem Sukzessionsbefund bei Bleiberg insofern, als der Flußspat durch Verdrängung des Calcits entstanden ist und die Bildung des Markasits nach der Bildung der Blende-Flußspat-Vererzung gebildet erscheint. Auch die Bildung der Barytkristalle erfolgt alsbald nach dem ursprünglichen Absatz des Flußspates als Gel in Form auffallend spitzig in den letzteren hineinragender Kristallbildungen.

Da die Gailtaler Alpen tektonisch als die westliche Verlängerung der nördlichen Karawankenkette anzusehen sind, so gehören die Blei-Zinkerzlagerstätten in den Nordkarawanken mit der Bleiberg-Kreuther Lagerstätte und den betrachteten Lagerstätten in den mittleren und östlichen Gailtaler Alpen in die gleiche Erzzone.

Östlich Villach in den Karawanken befindet sich die früher zeitweise abgebaute Lagerstätte von Windisch-Bleiberg und diejenige auf dem Obir sowie das weithin aufgeschlossene Revier von Mieß bei Prävali, auf welch letzterem ein großangelegter modernster Bergbau umgeht. Über die beiden erstgenannten Bergbaue ist wenig bekannt geworden. Von Windisch-Bleiberg liegt nur eine dem Mineralogischen Institut der Grazer Universität gehörige Stufe vor, welche ein derbes Bleiglanzband ohne Calcit zeigt, in welche von einer Seite, den Bleiglanz resorbierend, Flußspat eindringt. Die mit 7 cm dicke, in der Stufe auftretende Flußspatregion ist durchwegs geschichtet und durchsichtig.

Das östlichste Blei-Zinkrevier der Nordkarawanken ist dasjenige von Mieß bei Prävali, welches heute in Jugoslavien gelegen ist. In demselben geht der große Bleierzbergbau der Central European Mines lmtd. London,[1] um, welcher sowohl in seinen Tiefbauten als auch in seinen Tagesanlagen das Bild eines durchaus modernen Großbergbaues, von einer Bleiberg-Kreuth noch übertreffenden Produktion bietet. Auch hier überwiegt der Bleiglanz bei weitem die auftretende Zinkblende. Die Lagerstätte ist reicher an Wulfenit als die Bleiberg-Kreuther, das Molybdänerz ist in Mieß aber anscheinend in den oberen 150 bis 200 m konzentriert, was für die Entstehung aus bei der Ausscheidung von Blende und Flußspat resorbiertem Bleiglanz spricht, wie sie für Bleiberg-Kreuth auf S. 81 dieser Abhandlung angenommen worden ist. Das Erzrevier von Mieß ist von Granigg und Koritschoner[2] beschrieben worden, die nachfolgende kurze Darstellung bezieht sich auf die Resultate eigener Befahrungen, welche ich im Auftrage der Bleiberger Bergwerks-Union in den Jahren 1919 und 1920 ausführte. Von Interesse ist es, daß dieser Bergbau, welcher mit seinen ausgedehnten Aufschlüssen in der Lagerstätte im Ostabfall des Petzenberges umgeht und daß sämtliche Abbaustrecken in diesem Bergmassiv über der Talsohle des Mießbaches gelegen sind, so daß alle Schachtförderungen von unten nach oben gehen. In Mieß ist die Erzzone wie in Bleiberg in den oberen Wettersteinkalkbänken gelegen, 50 bis 80 m unter überlagerndem Raibler Tonschiefer.

Die Lagerung der Erzzone ist aber dadurch besonders kompliziert, daß das Erzrevier von zwei interferierenden Faltenrichtungen durchzogen wird, es sind O-W-Falten mit gegen N gerichteten Überschiebungen und N-S-Falten mit Überschiebungen gegen O vorhanden. In welcher Zeit-

[1] Dieser Bergbau gehörte bis zum Jahre 1920 der Bleiberger Bergwerksunion, welche in den vorangegangenen 20 Jahren den dortigen Bergbau in modernstem Stile und großzügigster Weise ins Leben gerufen hat, bis sie die politischen Verhältnisse zwangen, die gesamten Anlagen in die englische Gesellschaft einzugeben.

[2] Die geologischen Verhältnisse des Bergbaugebietes von Mieß in Kärnten. Zeitschr. f. prakt. Geologie, 22, S. 171ff. 1914.

folge beide zueinander stehen, ist bisher nicht zu ermitteln gewesen. Die intensive Verfaltung hat eine starke Verlagerung des hangenden Schiefers verursacht, welcher an Stellen starken Druckes fast ausgequetscht und zu solchen geringen Druckes in großer Mächtigkeit hingeflossen sein kann.

Das Faltungsbild ist von zwei Zügen von Verwerfern durchzogen, von O-W-Klüften oder Verwerfern (6^h) und SW-NO-Klüften oder Verwerfern (3^h). Beide Verwerfer sind vererzt und als Ausgangszonen der in die benachbarten Wettersteinkalkbänke eingreifenden rein metasomatischen Erzkörper anzusehen. Die Verwerfer nach 3^h sind älter als die in 6^h. Die ersteren sind häufig (Helena) stärker vererzt als die letzteren, vielfach sind die 3^h-Verwerfer auch außerhalb der Erzzone vererzt angetroffen worden. Das jüngste Kluftsystem ist in 8^h bis 9^h gerichtet, es scheint jünger als die Vererzung zu sein.

So abweichend der Faltenbau des Mießer Revieres von dem Bleiberger Revier ist, in beiden sind die gleichen vor der Vererzung ausgebildeten Verwerfersysteme ausgebildet. Der einzige Unterschied ist, daß die Verwerfer nach 3^h, welche sowohl in Mieß als auch in Bleiberg älter als die Vererzung sind, in Mieß Erzzuträger waren, während sie in Bleiberg den mineralisierenden Wässern keinen Weg zum Aufstieg freigegeben haben, da sie dort durch den Gebirgsdruck geschlossen waren. Wie in Bleiberg ist nur ein Teil der Scharungszonen der oben genannten Verwerfer vererzt, je nach dem geringeren oder stärkeren Einfallen des Wettersteinkalkes erscheinen horizontal verlaufende Erzsäulen von größerer lagerförmiger Ausbildung oder steil stehende Erzsäulen. In den Hauptabbauen von Mieß, Igartsberg und Helena vereinigen sich häufig benachbarte Erzzüge streckenweise miteinander, so daß sehr reiche Lagerstättenteile zustande kommen (vgl. Abb. 9 und 10 bei Granigg und Koritschoner). Bezüglich der Zusammensetzung der Erzkörper folge ich mangels bisheriger eigener Untersuchungsresultate der Darstellung von Granigg und Koritschoner. Sie unterscheiden folgende Sukzessionen:

1. Älteste Generation von Karbonspäten. Meist Verdrängung des dichten Wettersteinkalkes durch Calcit (Dolomit), selten Hohlraumausfüllungen.

2. Bleiglanz und ältere Barytgeneration. Bleiglanz erscheint stellenweise metasomatisch in Wettersteinkalk eingedrungen, meist auf Calcit sitzend.

3. Blendegeneration. Blende jünger als die Karbonspäte und die ältere Barytgeneration. Teilweise älter, teilweise jünger als Bleiglanz. Blende auch metasomatisch unmittelbar im Wettersteinkalk.

4. Flußspat spärlich vorhanden, die in Calcit schwimmenden Blendekristalle umgebend, den Kalzit verdrängend.

5. Jüngere Barytgeneration. Spärlich mit Gips in Gängen und Schnüren Bleiglanz und Blende durchsetzend.

6. Pyrit und Markasit treten vornehmlich in den Raibler Schiefern auf, auch Kalk und Blende als spätere Bildung benachbart.

7. Gips. Besonders im Kontakt des Schiefers mit dem Kalk. Im Erzlager durchzieht er als jüngste Bildung in kleinen Gangzügen Blende, Pyrit und Markasit.

8. Calcit, jüngste Generation.

9. Sekundäre Bildung von Zinkspat, Gips, Hydrozinkit, Anglesit, Cerussit, Eisenocker, Wulfenit, Calcit, Kieselzinkerz, Schwefel, Greenekit.

Die in Mieß bisher festgestellte Sukzession läßt eine große Übereinstimmung mit der Erzfolge in Bleiberg-Kreuth erkennen. Eine Abweichung besteht lediglich in dem Befund Graniggs und Koritschoners, daß Bleiglanz und Blende in Mieß gleichzeitige Bildungen sein können. Die Trennung der Bildung dieser beiden Sulfide ist in Mieß aber dadurch erschwert, daß der Flußspat ebenso wie der jüngere Baryt sehr viel untergeordneter auftreten als in Kreuth und in den westlichen Revieren. Der in Bleiberg so deutlich erkannte, durch starke Flußspatausscheidung gekennzeichnete Beginn der Blendeausscheidung entbehrt in Mieß anscheinend dieses Charakters.

Das Resultat dieser vergleichenden Betrachtung der gesamten Erzreviere in den Karawanken von der Petzen im Osten bis zum Kolm im Westen, also über eine Erstreckung von 140 km ergab:

1. Daß die Vererzung von dem speziellen Bild, welches das betreffende Revier durch die jungtertiäre Faltung und Überschiebungstektonik angenommen hat, unabhängig ist. Nach dieser Gebirgsbewegung sind drei Kluft- und Verwerfungssysteme in dem Faltenüberschiebungsbau entstanden. Das älteste ist ein System von SW-NO streichenden Verwerfern um 3^h, dann traten meist nur als Klüfte, selten als Verwerfer ausgebildete Störungen, welche in der Längsrichtung des Gebirges von O nach W verlaufen und Neigung zeigen, in S zu verflächen. Ein jüngstes drittes Kluftsystem verläuft in annähernd nord-südlicher bis nordwest-südöstlicher Richtung, im O in 20^h bis 22^h, in der Mitte der Zone Gailtaler Alpen—Karawanken und im W meist in 24^h.

Die Vererzung erfolgte vor der Ausbildung dieses jüngsten Kluftsystems. In den Gailtaler Alpen waren die O-W-Klüfte, in Mieß die O-W- und die SW-NO-Klüfte die Wege, denen die mineralisierenden Wässer aus der Tiefe folgten.

Es wird bei der geologischen Spezialaufnahme von großem Nutzen sein, diese in den Bergbaurevieren durch zahlreiche Tiefenaufschlüsse gewonnenen Resultate auch bei der Deutung aller Aufschlüsse über Tag zu verwerten.

2. Das Alter der Faltentektonik muß als nach Altmiozän angesprochen werden, das Alter der Ausbildung der beiden älteren Kluftsysteme

würde im Sarmatikum erfolgt sein. Die Vererzung ist zur Zeit des Aufdringens der Basalte am Ostrande der Alpen, im Pontikum erfolgt.

3. Die Vererzung fand überwiegend in den oberen Bänken des Wettersteinkalkes, 30 bis 80 m unter der Überlagerungsfläche des Wettersteinkalkes durch Raibler Schiefer, in einzelnen Fällen (Rubland, Kolm) in den oberen Bänken des Muschelkalkes ebenso tief unter den Partnachschiefern statt.

4. Bei annähernd söhliger Lagerung der vererzten Kalkbänke entstanden metasomatische Erzlager, bei steiler Lagerung Erzsäulen. Die Lage der letzteren wird im W durch die Scharungslinien der O-W-Klüfte mit den geneigten Schichtfugen der vererzten Kalkbänke gekennzeichnet. Verlaufen die Klüfte im Streichen der Kalkbänke (Kreuth und Rubland), so sind horizontale Erzsäulen entstanden, je mehr die Streichungsrichtung beider voneinander abweicht, um so steiler setzen die Erzsäulen in die Tiefe. Im O treten Erzsäulen auch auf den Scharungslinien der SW-NO-Verwerfer mit den oberen Wettersteinkalkbänken auf.

Im W sind die O-W-Klüfte, im O die O-W-Klüfte und die SW-NO-Klüfte selbst vererzt. Das Bild dieser Erzzüge ist häufig ein gangförmiges, meist ist aber bereits von ihnen ausgehend die metasomatisch in die benachbarten Teile des Kalkes erfolgte Erzausbreitung wahrnehmbar. Diese folgte anscheinend zunächst den Schichtfugen und feinen Haarspalten des Kalkes, von denen aus die Verdrängung in den Kalk hinein erfolgte.

5. Die Vererzung verlief in mehreren Phasen, welche zeitlich getrennt waren und im Verlauf welcher sich wechselnde chemische Prozesse in dem Erzkörper abspielten. Es kam zu Resorptionen und gleichzeitigen Absätzen neuer Mineralien.

Die älteste Phase war überall die Ausbildung einer ältesten Calcitgeneration, welche den Kalk an Klüften und auch in Form der Diffusion, als Schichtungsmetamorphose, durchsetzt. Es erfolgte sodann der Absatz einer meist vorhandenen, wenn auch nicht überall (Kreuth) nachweisbaren älteren Barytbildung und sodann der Bleiglanzabsatz. Im Westen, in den Gailtaler Alpen bis zum Obir, kann sodann eine reichliche Flußspatbildung mit gleichzeitig auftretender Blende, meist in Form von ursprünglich gebildeter Schalenblende erkannt werden. In Mieß tritt der Flußspat stark zurück und es hat den Anschein, als ob die Blendebildung schon vor der Beendigung der Bleiglanzbildung eingesetzt hat.

Nun folgte eine reichliche jüngere Barytbildung mit reichlichem Absatz von regulärer Zinkblende, auch diese hat in Mieß nicht die Bedeutung, welche ihr in den Gailtaler Alpen zuzusprechen ist. Zugleich mit der Flußspat- und Barytblendegeneration trat eine Resorption des ältesten Calcits und des Bleiglanzes ein. Es entstand aus den Resorptionsresten des Bleiglanzes in den oberen Teilen der Lagerstätte

Wulfenit, auch erfolgte eine Bitumenanreicherung, welche aus dem Mineralisator Markasit fällte. Während dieser letzten Phase der Barytbildung fand eine weitere randliche Ausdehnung der Erzkörper entweder an Klüften im Kalk, meist durch Schichtungsmetamorphose in bislang unvererzt gebliebenem Kalk statt, so daß die äußeren Ränder der Erzkörper meist gelbe Blendebänder zeigen.

Lokal trat in gewissen Teilen der Kreuther Lagerstätte ein Zerfall der durch die vorerwähnten Vererzungsphasen gebildeten Erzkörper unter gleichzeitigem reichlichen Absatz von Anhydrid statt.

Den Abschluß des Vererzungsvorganges bildet die Entstehung jüngsten Calcits, welcher in dem Erzkörper oder in dem benachbarten Wettersteinkalk als Spaltenausfüllung auftritt, den dichten Wettersteinkalk außerhalb des Erzkörpers aber auch so weit verdrängt haben kann, daß Kalkbreccien mit Calcit als Bindemittel entstanden.

b) Die benachbarten jungen, vulkanischen Lagerstätten

Im kristallinen Grundgebirge, welches innerhalb der Gailtaler Alpen räumlich recht beschränkt südlich des Drauknies zwischen Spital und Sachsenburg als Unterlage der Perm-Triasserie der Gailtaler Alpen zutage tritt, sind ebenfalls Erzlagerstätten vorhanden und treten dieselben in noch weit größerer Verbreitung in der westlichen Fortsetzung dieser kristallinen Zone nördlich der Drau und südlich der Möll in der mächtigen Gebirgsgruppe des Kreuzeck und Polinik auf. Diese Lagerstätten sind meist durch alte Bergbaue aufgeschlossen worden.

Alle diese in der Zone des sogenannten ostalpinen Kristallin auftretenden Lagerstätten gehören einem von demjenigen der Kärntner spätigen Blei-Zinkerzlagerstätten völlig abweichenden Typus an. Trotzdem sie dem Triaszug der Gailtaler Alpen mit ihren Blei-Zinkerzlagerstätten unmittelbar nördlich vorgelagert sind, ist vor allem ihre Erzführung eine völlig andere, so daß sie durch ganz andere Mineralisatoren gebildet erscheinen. In diesen Lagerstätten treten vielerorts Antimonite, güldige und silberhältige Arsenkies- und Pyrite sowie auch Quecksilbererze auf. Erwähnt wird auch ein Auripigmentvorkommen.

Der Feststellung des Altersverhältnisses dieser Lagerstätten zu den Blei-Zinkerzlagerstätten der Gailtaler Alpen kommt ein besonderes Interesse zu, da aus ihnen die Vorgänge erkannt werden können, welche sich in den tief gelegenen Magmen im weiteren Sinne abgespielt haben. Besonders das Auftreten von Antimonit und Auripigment kennzeichnet wenigstens eine Anzahl dieser Lagerstätten nicht mehr wie die Blei-Zinkerz-Lagerstätten als telemagmatisch, sondern als vulkanisch.

Der größte Teil dieser im Kristallin vorhandenen Lagerstätten sind in derzeit verfallenen, alten Bergbauen aufgeschlossen gewesen und verdanken wir ihre Kenntnis vor allem der jahrzehntelangen unermüdlichen Untersuchung des Herrn Hofrat Dr. ing. R. Canaval, welcher sie durch das eingehende Studium alter, in der Berghauptmannschaft Klagenfurt befindlicher Grubenpläne und Aufzeichnungen und durch Begehung der alten Bergbaugebiete der Vergessenheit entrissen hat.

Ich bin der Ansicht, daß die Frage der Altersfolge aller dieser Lagerstätten durch die Feststellung des in ihnen herrschenden Gangstreichens der Lösung nähergebracht werden kann.

Ein Teil dieser Erzlagerstätten sind Lagergänge, teilweise sind sie metasomatischer Entstehung inmitten von dem Glimmerschiefergebirge eingelagerter Marmorzüge, teilweise treten sie an der Grenze von Ampholitzügen im Glimmerschiefer auf. In einem Fall sind sie anscheinend als Kontaktlagerstätte an die Grenze von Tonaliteinschüben gebunden. Diese Lagerstätten erlauben vorläufig keine Altersbestimmung.

Anders verhält es sich mit dem anderen Teil dieser Lagerstätten, welche gangförmig sind und bei denen das Gangstreichen bekannt ist. Es liegt nahe, mineralisch idente oder ihrer Genesis verwandte Lagerstätten dieses Gebietes, welche auch bei größerer räumlicher Trennung voneinander gleiches Gangstreichen aufweisen, als gleichaltrig anzusprechen. Nach dieser Richtung ist die folgende Zusammenstellung gemacht worden. Es soll damit keineswegs bestritten werden, daß es durchaus nicht ausgeschlossen ist, daß auch ein Teil der lagerförmigen metasomatischen Lagerstätten, besonders dann, wenn eine verwandte Mineralassoziation in ihnen beobachtet wird, auch den gangförmigen gleichaltrig sein können. Die Mineralisatoren sind in dem Gebirge aufgestiegen, wo immer sich hiefür eine Möglichkeit geboten hat, so daß aus dem gleichen Mineralisator gleichzeitig Lagergänge und Kluftgänge mineralisiert worden sein kann. Für die nachstehende Betrachtung kommen aber nur die gangförmigen Lagerstätten in Betracht.

Bereits wenig nördlich der auf Seite 92 dieser Abhandlung behandelten Blei-Zinkerz-Lagerstätte von Rubland, nördlich des Bleiberger Erzberges, tritt im Tiebelgraben bei Stockenboj, nördlich des den Weißensee in den Gailtaler Alpen entwässernden Weißenbaches in Phylliten ein Zinnobervorkommen und in hangenden Kalken dieses Vorkommens göldische Kiese auf. Über die Lagerstättenform dieser Vorkommen ist allerdings nichts bekannt geworden.[1]

Weiter westlich tritt südlich Sachsenburg, nordöstlich Lind im Drautal, die Goldlagerstätte von Siflitz auf.[2] Die Lagerstätte von Siflitz tritt in ost-west-streichenden, mit 45° nach Nord verflächenden Glimmerschiefern auf. Canaval berichtet, daß auch das Gangstreichen

[1] R. Canaval: Jahrb. der k. k. geol. R. A., Bd. XL, S. 528. 1890.

[2] R. Canaval: Zur Kenntnis der Goldvorkommen von Lengholz und Siflitz in Kärnten. Carinthia II, S. 15. 1900.

ein annähernd ost-westliches ist mit Verdrehungen in ONO, und ferner daß die Lagerstätte sich auch im Verflächen vielfach windet. Sie dürfte daher eher einen Lagergang darstellen, welcher von einer Schar tauber, in 2^{h} 10^{0} streichender Klüfte gekreuzt wird. Die Erze bestanden aus gold- und silberreichen Pyriten und Arsenkiesen mit Quarz und Braunspat.

Weiter westlich, nördlich Steinfeld im Drautal, befindet sich die Lagerstätte von Lengholz, über welche Canaval[1] folgendermaßen berichtet. Die Lagerstätte streicht ost-westlich und verflächt unter zirka 60^{0} in Nord. Sie wird durch nord-südlich streichende Kreuzklüfte verworfen, und zwar dergestalt, daß östlich dieser Klüfte eine Verschiebung nach Nord erfolgt, die Erzfüllung besteht aus Magnetkies und Pyrit, die gold- und silberhältig sind, sowie aus Kupferkies. In der Umgebung sind auch andere Erzvorkommen von gleichen Streichen und mit Arsenkies, welche in ihrer Erzführung gewisse Analogien mit dem weiter westlich gelegenen Fundkofl zeigen. Dagegen befindet sich unter dem Faulkofel am Arzbödentle ein in 21^{h} streichender Gang von nordöstlichem Verflächen mit 60^{0}, welcher silberhältige Bleierze neben Cu-, Au- und Ag-hältigen Kiesen enthält. In den Silberbergbauen des Kreuzeckes bildet das sogenannte Glaserz das Haupterz. Dasselbe stellt ein bleifreies oder bleiarmes Mineralgemenge mit erheblichem Silber- und Goldgehalt dar. Für die Lagerstätten um Lengholz hält es Canaval nicht für ausgeschlossen, daß sie dort, wo tatsächlich ein gangförmiger Charakter zu erkennen ist, eine nachträgliche brecciöse Verdrückung eines ursprünglichen Lagerganges darstellen. Demnach wäre lediglich der durch Bleierze ausgezeichnete, in 21^{h} streichende Gang der Arzbödentle als wirklich primär vererzter Gang anzusprechen.

In der mächtigen Kreuzeck-Polinik-Gruppe zwischen Möll- und Drautal sind ferner die folgenden Lagerstätten bekannt. Nördlich Greifenburg im Drautal ging im oberen Gnoppnitztal ein Bergbau am Plattachkogel und auf der Assam Alp um. Aus der Beschreibung durch Canaval[2] geht hervor, daß dort NO streichende (16^{h} 10^{0}), echte, saiger stehende Gänge auftreten, welche silber- und goldhältige Kiese und silberhältigen Bleiglanz führen, daneben sind aber auch Fahlbänder als Lagergänge entwickelt.

Weiter westlich folgen die göldischen Kieslagerstätten des Fundkofels, die von Zwickenberg und Irschen.[3] Am Fundkofel und in der Knappenstube liegen in die Schiefer eingelagerte Erzlager vor, welche teilweise zu Tonaliteinschüben Beziehungen zeigen. Echte Gänge treten dagegen in der Antimonitlagerstätte von Gloder und bei der

[1] Vor. Zitat, S. 11.

[2] Jahrb. der k. k. geol. R. A., Bd. XLV, S. 103. 1895.

[3] R. Canaval: Jahrb. des naturhist. Landesmuseums für Kärnten, XXV. 1899.

Arsenkieslagerstätte am Rothwieland und bei Irschen auf. Im südwestlichen Teil des Kreuzecks treten beim Gloder saiger stehende, in $20^{h}\,10^{0}$ streichende Gänge in Hornblendeschiefer auf, welche unter 60^{0} nach $23^{h}\,5^{0}$ verflächen, also normal westöstlich streichen. Die Gänge enthalten im Quarz neben Antimonit Valentinit und sind reich an Gold und Silber. Die Gänge am Rothwieland stehen ebenfalls seiger und streichen in $3^{h}\,5^{0}$. Sie sollen bleiische gold- und silberhältige Erze geführt haben.

Schließlich hat Canaval[1] noch eine Schilderung der Erzvorkommen im oberen Teil des bei Nappach in das Mölltal mündenden Teichlertales gegeben. Diese Lagerstätte befindet sich im Hochtal südlich des Polinik, östlich des Wölla Thörls. In der Dechant besitzt der Fundgrubengang ein nordsüdliches Streichen, sein Abbau läßt sich an einem langen Pingenzug über das Hochgebirge bis 2220 m Meereshöhe verfolgen, ihm schart ein ebenfalls von den Alten abgebauter, NNO—SSW und dann NO gegen SW streichender Gang zu. Die Scharungsstelle beider ist durch eine tiefe Pinge erkennbar. Die Gangführung besteht aus Pyrit, Arsenkies, Bleiglanz, Zinkblende und sparsam vorkommendem Antimonerz. Die höher im Gebirge gelegene Lagerstätte des Ladelnig besteht nach Canaval ebenfalls aus nord-süd-streichenden, steil westlich fallenden echten Gängen, die Erzführung ist eine ähnliche wie in der Dechant. Canaval hebt eine auffallende Ähnlichkeit der Erzstufen mit jenen des Rathausberges in den Hohen Tauern hervor.

Von besonderem Interesse ist in diesem Zusammenhang die Quecksilberlagerstätte von Glatschach nordwestlich Dellach a. d. Drau, in geringer räumlicher Entfernung von der Blei-Zinkerzlagerstätte des Kolm, welche auf S. 95 behandelt wurde. Nach C. Rochata[2] tritt dort Zinnober, aber auch gediegen Quecksilber in einem Gang auf, welcher mit 23^{h} fast nord-südliches Streichen und ein Verflächen mit 55 bis 60^{0} in W besitzt. Zu erwähnen wäre ferner noch das Vorkommen von Auripigment in einem fein verteilten Kluftsystem in Dolomit südwestlich Stein bei Dellach, von dem unsere Lagerstättensammlung eine von Herrn Prof. H. Mohr gesammelte Stufe enthält. Das Vorkommen ist anscheinend bisher nicht näher untersucht worden.

Es sind damit lediglich diejenigen Lagerstätten betrachtet worden, welche entweder noch innerhalb der Gailtaler Alpen oder in den diesen unmittelbar nördlich vorgelagerten kristallinen Massiven auftreten, welche also noch in gewisser räumlicher Verbindung mit der Bleiberger

[1] Die Erzgänge von Dechant und Ladelnig in der Teichl in Kärnten. Carinthia II. 1908, 1909 und 1910.

[2] Jahrb. der k. k. geol. R. A., Bd. XXVIII, S. 349f. 1878. Einen neuen Beitrag zur Kenntnis dieses Gebietes gab kürzlich H. Mohr. Verh. d. geol. Bundesanstalt. 1925.

Lagerstätte oder ihrer Äquivalente in den triadischen Gailtaler Alpen stehen. Auf die Betrachtung der zahlreichen Lagerstätten in den Hohen Tauern nördlich des Mölltales ist in diesem Zusammenhang nicht eingegangen worden.

Stellen wir nun die im vorstehenden zusammengetragenen Beobachtungen im kristallinen Gebirge nördlich der Gailtaler Alpen zusammen, so ergibt sich, daß dort neben ausgesprochenen, in die Lagerung der Schiefer eingeschaltenen Lagergängen eine größere Anzahl von meist saiger stehenden echten Gängen auftreten, welche die Schiefer kreuzen und Gold und Silber führende Arsenkiese und Pyrite, in einem Fall auch Antimonerze führen. Das Streichen dieser Gänge ist das folgende:

Faulkofel (Arzbödentle) . .	Gangstreichen	21^{h},	Verflächen	in NO;
Gloder.	Gangstreichen	$20^{h}\,10^{0}$,	Verflächen	saiger;
Dechant	,,	um 24^{h},	,,	saiger;
Glatschach	,,	23^{h},	,,	60^{0} in W;
Ladelnig.	,,	um 24^{h},	,,	saiger;
Rothwieland. . . .	,,	$3^{h}\,5^{0}$	,,	saiger.

Das Streichen dieser gangförmigen Lagerstätten ist demnach überwiegend um die Nordsüdrichtung gerichtet, aber auch nordwest-südöstlich am Gloder und nordost-südwestlich am Rothwieland. Die Kupferkies und güldische Pyrite und Arsenkiese führenden Böcksteiner Gänge in den Hohen Tauern sind ebenfalls nach 2^{h} gerichtet.

Diese Zusammenstellung läßt erkennen, daß die Erzlagerstätten des den Gailtaler Alpen im Norden unmittelbar vorgelagerten Kristallin in einem vollständig anders gerichteten Kluftsystem gebildet worden sind, wie die Blei-Zinkerzlagerstätten der Gailtaler Alpen, in denen die Vererzung von einem nach 6^{h} streichenden, genau ost-westlich verlaufenden Kluftsystem ausgegangen ist. Wir dürften im Zusammenhang mit der ganz verschiedenen Erzfüllung in beiden Gebieten daraus den Schluß ziehen, daß beide ein verschiedenes Alter besitzen.

Es sprechen verschiedene Überlegungen dafür, daß die gangförmigen und wohl auch die meisten lagerförmigen Erzlagerstätten des Kristallin jünger sein müssen als die Lagerstätten vom Bleiberger Typus im Mesozoicum der Gailtaler Alpen und in den Karawanken. Eine gewisse Wahrscheinlichkeit besteht, daß die um die Nordrichtung gruppierten Gangstreichen im Kristallin mit jenen im Mesozoicum von Bleiberg-Kreuth und in den Nordkarawanken, dort nach der Vererzung auftretenden N-S-Klüften (vgl. S. 37 und 99) identisch sind. Für die sehr junge Vererzung des Kristallins spricht vor allem das Auftreten der Antimonite, deren Lagerstätten erfahrungsgemäß nur an geringe Teufen gebunden sind und daher nur eine verhältnismäßig geringe Abtragung des Gebirges wahrscheinlich machen. Für das Vorhandensein einer Vererzungsperiode, welche jünger als die Blei-Zinkerzvererzung der Lagerstätten vom Bleiberger Typus ist, spricht ferner aus den gleichen Gründen das Auripigmentvorkommen von darin, wenn es auch im Mesozoicum liegt.

Haben wir die Lagerstätten von Bleiberger Typus auf die pontischen Basaltaufstiege der Ostalpen zurückgeführt, so liegt es nahe, die Lagerstätten im Kristallin auf jüngst pliozäne oder gar diluviale aktive Magmen zurückzuführen und sie mit jenen Trachytmagmen in Zusammenhang zu bringen, deren Erscheinen innerhalb der Alpen in jener jungen Zeit neuerdings bekannt geworden ist (vgl. S. 88).

Die Erzfüllung der Lagerstätten im Kristallin spricht jedenfalls für eine wesentlich andere Magmenverwandtschaft, zu welcher lediglich durch das Auftreten des Molybdäns in den Wulfeniten der Bleiberg-Mießer Lagerstätte ein gewisser Übergang angezeigt erscheint. Sie stellen im Gegensatz zu den letzteren einen Typus dar, den wir im gewissen Sinn als vulkanisch den telemagmatischen Lagerstätten vom Bleiberger Typus gegenüberstellen können. Ihre Mineralisatoren stellen demjenigen des letztgenannten Typus gegenüber im Sinne Niglis ausgesprochene Restlösungen der, welche zugleich aus höher temperierten Mineralisatoren abgesetzten erscheinen.

Manzsche Buchdruckerei, Wien IX